# Happiness

# 编委会成员

熊强　知名设计师

代启耀　道为咨询合伙人

喻兵　资深人力资源总监

朱国平　知名书法家

马明　资深客户总监

彭建耀　道为咨询合伙人

吕艳梅　高级猎头顾问

黄斯敏　专业设计师

邵丹　公共卫生硕士

杨思恩　培训咨询专业工作者

曹瑞凌　国家二级心理咨询师

# 幸福力

## 融通中外的幸福提升方法

朱先春 李名国 著

中华工商联合出版社

图书在版编目（CIP）数据

幸福力／朱先春，李名国著. -- 北京：中华工商
联合出版社，2016. 8
ISBN 978 - 7 - 5158 - 1755 - 2

Ⅰ. ①幸… Ⅱ. ①朱… ②李… Ⅲ. ①幸福 - 通俗
读物 Ⅳ. ①B82 - 49

中国版本图书馆 CIP 数据核字（2016）第 189032 号

## 幸福力

作　　者：朱先春　李名国
出 品 人：徐　潜
策划编辑：李红霞
责任编辑：方　妍
封面设计：戚开刚
责任审读：李　征
责任印制：迈致红
出版发行：中华工商联合出版社有限责任公司
印　　刷：三河市宏盛印务有限公司
版　　次：2016 年 10 月第 1 版
印　　次：2016 年 10 月第 1 次印刷
开　　本：710mm×1020mm　1/16
字　　数：168 千字
印　　张：13
书　　号：ISBN 978 - 7 - 5158 - 1755 - 2
定　　价：38. 00 元

服务热线：010 - 58301130
销售热线：010 - 58302813
地址邮编：北京市西城区西环广场 A 座
　　　　　19 - 20 层，100044
http：//www. chgslcbs. cn
E—mail：cicap1202@ sina. com（营销中心）
E—mail：gslzbs@ sina. com（总编室）

工商联版图书

凡本社图书出现印装质量问
题，请与印务部联系。
联系电话：010 - 58302915

# 序 玩转幸福魔方

幸福的价值不言而喻，追求幸福，一直是人类永恒的主题。

令人困惑的是，人们经常会觉得，"幸福"有时近在眼前，却又总是远在天边；"幸福"有时唾手可得，却又总是转瞬即逝；一些人好像天生就会比另一些人更"幸福"，而另一些人好像天生就很"不幸"。对于许多人来说，真正的幸福不仅难以获得，更难以持久……

既然如此，幸福到底来自哪里？人们通向幸福的路径到底是什么？哪些因素会影响人们获取幸福？又有哪些方法可以帮助人们有效地提升幸福？

玩转幸福魔方，我们必须思考和回答这些问题。

## 幸福感知：先天有差异，后天可努力

人们追求幸福到底是"白日发梦"，还是有"科学依据"？近年来，积极心理学家通过大量的实证研究证明，"幸福"的确存在，而且追求"幸福"的确有科学的方法，只要你愿意努力，任何一个人都可以比现在过得更幸福。

美国加利福尼亚大学心理学教授索尼娅·柳博米尔斯基提出了著名的"幸福饼图"，她通过大量的研究发现，每个人的幸福，其中有50%来自遗传基因，10%来自外部环境，而剩下的40%则来自人们有目的的行为。

如下图所示。

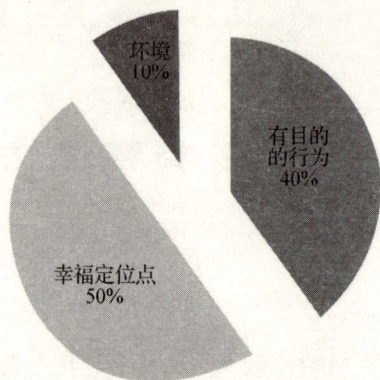

**幸福的构成比例**

这项研究表明，由于每个人的基因不同，一个人可能天生就会比另一个人容易"幸福"，也有可能一个人天生就容易比另一个人"不幸"。因此，每个人出生时就有了一个特定的"幸福定位点"。从这个意义上讲，人们的幸福水平"先天有差异"。

但是，这项研究同时表明，人们的幸福水平通过后天努力又是完全可以改变的，每个人至少有 40% ~ 50% 的提升空间。这种改变，一方面来自人们对外部环境的积极认知和主动的行为改变，另一方面也来自不同环境的"影响"。

特别值得注意的是，不仅天生"不幸福"的人可以改变，"天生幸福"的人同样可以进一步改变，大家具有同样公平的提升空间。

## 幸福路径："幸福思维 ＊ 幸福行动 ＊ 幸福环境"

关于幸福的提升路径，无论是原来的"励志"作家、"鸡汤"先生，还是后来的"幸福"专家们，都提出了大量的幸福指南，一些方法已经具有非常强的可操作性。但是，总体来说，真正具有系统化理论支撑、通俗易懂、简单易行并且具有科学依据的系统化方法还是寥寥可数。特别是，能够融通中外的系统化幸福提升方法，更是凤毛麟角。

　　针对以上情况，近年来，我们基于自己多年的应用研究和管理咨询实践，通过大量借鉴积极心理学家和管理学家们的科学研究成果（特别是"幸福饼图"理论），最终总结形成幸福方程式如下：

$$幸福力 = 幸福思维 * 幸福行动 * 幸福环境$$

　　我们发现，有效提升幸福力，需要从"思维"、"行动"和"环境"三方面同时努力，而且三大因素相互支持、相互促进，综合运用可以获取"事半功倍"的特效。

　　一是改变自己的"思维"。

　　在客观条件不变的情况下，积极思维者能够获得更多的幸福；消极思维、怨天尤人者，通常会远离幸福的怀抱。

　　二是主动"行动"。

　　一个不愿意主动"行动"的人，难以得到幸福的体验。只有当你愿意改变自己并付诸行动，你才能得到幸福的青睐。

　　三是营造良好"环境"。

　　同一个人，处于不同的组织环境之中，将会对其"思维"和"行动"有不同的影响。为了帮助人们幸福"思维"和幸福"行动"，作为一个组织，其不可推卸的责任就是营造积极的"组织氛围"，让身处其中的人思维更积极，行为更主动，从而获得更多的幸福。当然，每一个身处组织中的人，都有责任让自己所处的环境变得更"和谐"。

　　不管一个人原来的"幸福"水平如何，如果他能够幸福地"思维"，能够主动地"行动"，同时又能够处在一个良好的"环境"（组织氛围）之中，其"幸福力"必然能够得到大幅度提升。

　　需要特别说明的是，一个人是否幸福虽然和"环境"（组织氛围）有关，但"环境"只能是外在的促进条件，更重要的还是源于自己的"思维"和"行动"。

## 幸福追求：避免陷入"拥有"的误区

既然通过"幸福思维"、"幸福行动"和"幸福环境"可以有效提升每一个人的"幸福力"，那么为什么在现实生活中，还是有很多人感到自己"不幸福"呢？

究其原因，是许多人陷入了追求幸福的误区之中：一些人将"幸福"等同于"成功"，认为只有"成功"了才会"幸福"。而在许多人的眼里，所谓"成功"就是拥有尽可能多的"财富"，拥有尽可能高的"地位"，获得尽可能大的"荣誉"。更为严重的是，许多人期盼这些"成功"能够通过走捷径获得，甚至最好是"不劳而获"。

所以，在关于幸福的调查中，绝大部分人都会说："如果我拥有……我就会很幸福。"这样的话初听起来十分符合逻辑，却是"幸福"的最大误区。这种情况确实能够带来幸福，但是，这样的幸福却是短暂的、难以持续的，甚至是"不幸福"的开始。

1988年4月，24岁的哥伦比亚大学哲学系博士霍华德金森对121名自称非常幸福的人进行调查，得出这个世界上有两种人最幸福：一种是淡泊宁静的平凡人；一种是功成名就的杰出者。他认为，如果你是平凡人，你可以通过修炼内心、减少欲望来获得幸福。如果你是杰出者，你可以通过进取拼搏、获得事业的成功，进而获得更高层次的幸福。

二十年后，他回访了这121人，结果却让他陷入了深思：

当年那71名平凡者，除了两人去世以外，共收回69份调查表。这些年来，这69人有的已经跻身于成功人士的行列，有的一直过着平凡的日子，也有的人由于疾病和意外，生活十分拮据。尽管他们的生活发生了许多变化，但是，他们的选项都没变，仍然觉得自己

"非常幸福"。

而那50名成功者的选项却发生了巨大的变化。仅有9人事业一帆风顺，仍然坚持当年的选择——非常幸福，23人选择了"一般"，有16人因为事业受挫，或破产或降职，选择了"痛苦"，另有2人选择了"非常痛苦"。

两周后，霍华德金森以《幸福的密码》为题在《华盛顿邮报》上发表了一篇论文。在论文结尾，他总结说：所有靠物质支撑的幸福感，都不能持久，都会随着物质的离去而离去。只有心灵的淡泊宁静，继而产生的身心愉悦，才是幸福的真正源泉。

无数读者读了这篇论文之后，都纷纷惊呼："霍华德金森破译了幸福的密码！"这篇文章，引起了广泛的关注。

仅仅追求以物质为基础的"拥有"（包括名誉、地位等），如果没有"心灵的淡泊宁静"相伴，很快就会让人迷失"幸福"的方向。即使你仍然拥有"它们"，你的幸福感也会迅速下降。如果你失去"它们"（特别是突然失去"它们"），你将会变得痛苦不堪。

## 本书结构与特色

基于以上的研究和思考，我们发现并提出了融通中外的幸福方程式，发现了如下的幸福"秘密"：

幸福是"感觉"出来的

幸福是"行动"得到的

幸福是"环境"影响的

在此基础上，我们确定了《幸福力》一书的展开结构：

我们将《幸福力》一书分为上、中、下三篇，分别为"幸福的思维"（共两章）、"幸福的行动"（共四章）和"幸福的环境"（共两章），全书共八章。各篇和各章之间相互支撑，构成一个完整的体系。

在具体写作上，我们首先极力避免缺乏系统性的"心灵鸡汤"式写法，同时又尽可能将深奥的理论融入各种故事、心理实验和案例分析之中，让人们读起来非常轻松，避免过于严肃的"学术式"探讨。更重要的是，我们在全书之中侧重"可操作性"，将大量的内容聚焦于系统性的方法介绍上，并在每章后面加入"演练"内容。

可以说，本书是一本具有完整理论体系同时又具有较强可读性、可操作性的"幸福力提升"实战教程。

## 学习《幸福力》，关键在行动

从某种意义上讲，幸福力的提升更重要的在于"行"而不在于"知"。因此，本书所介绍的内容虽然具有鲜明的可操作性特色，但仍然无法仅仅通过"学习"来替代你自己的"行动"。

基于以上的认识，我们建议你在学习本书的时候，一定要"动"起来，无论是"思维"的改变，还是采取真正的"行动"。不仅如此，在你"行动"的时候，最好能够与他人"同行"。只有这样，你才能够更加有效地提升自己的"幸福力"。

你的幸福，既关乎你自己，也关系到你的家人和朋友，同时直接影响你所在的组织和社会。所以，如果每一个人都能够积极行动，营造出一个个幸福的个体，将是对你的家人、朋友、同事以及所在组织和社会的巨大贡献。

关于"幸福"的研究与应用，将是一个长期的过程。我们将一如继往地"行动"在路上，同时欢迎更多的人加入到幸福力提升的研究和应用行列之中。

是为序。

朱先春

2016 年 8 月于广州

# 目　录

# 上篇 "幸福"的思维

# 引言　幸福是"感觉"出来的

同样一件事，由于思维方式不一样，结局注注大不相同。

有位同学问老师，乐观主义者和悲观主义者应该怎样区别？老师拿出一瓶酒，"咕噜咕噜"喝了半瓶，然后对学生说，乐观主义者会兴高采烈地说，"真幸运居然还有半瓶"，悲观主义者会垂头丧气地说，"真倒霉就剩半瓶了"。

其实，事情本身是"客观"的，对于每一个人来说，这件事情是好是坏，注注不在事情本身，而在于你如何去认识它，在于思维的方式和看问题的角度。所以，"幸福"和你怎么"想"大有关系，"想"对了自然就会幸福。

# 第一章　期望适度，合理比较

期望是一种心理预期。所谓幸福，其实就是内心期望得以实现。期望是人们成长进步的驱动力，如果没有期望，就没有进步，更谈不上成功和幸福。但期望的实现，因为要受到诸如个人能力、客观条件等主客观因素的影响和制约，因此，期望是否适度就显得非常重要了。如果期望不适度，期望过高，不仅不能给人们带来幸福，反而会造成各种病态痛苦。

影响一个人"期望"水平的最重要因素是自己是否能够进行"合理比较"。在现实生活中，人们常常希望自己能够比别人过得好，但是，由于"感知错觉"，人们通常又总是觉得别人比自己过得好。由于这样一正一反所造成的差异，很容易就将自己本来拥有的幸福"比"没了。

因此，是否能够有效管理个人期望值，是否能够确立正确的"参照系"，便成为每一位希望追求幸福的人不得不首先面对的问题。

"期望适度"与"合理比较"是影响一个人幸福力水平的第一条平衡木。"期望值"合理了，"参照系"合适了，自然就能够"想"出幸福来。

## 人类的病态痛苦

从某种意义上讲，人类之所以经常感到"痛苦"，往往并不是真的很"痛苦"，而是由于自己"期望无度"或者"比较失当"，创造出了本来不应该有的"病态痛苦"。

一方面，由于人们总是想"少付出"或者"不付出"，总是想"多得"，甚至经常期望根本得不到的东西，因此，人们天生就容易表现出"期望失度"。

另一方面，由于人们总是容易用自己期望的"目标"来衡量和要求现在，总是容易认为他人比自己幸福，因此，很容易就掉进比较的陷阱之中。

### 关于"得与失"和"多与少"的心理实验

人类的病态痛苦在心理实验中已得到很好的证明，以下是心理学家关于"得与失"和"多与少"的几个心理实验。

**第一个实验：**

选项一　有75%的概率得到1000美元，但有25%的概率什么都得不到。

选项二　确定得到700美元。

结果，80%的人选择了第二项。

**第二个实验：**

选项一　有75%的概率付出1000美元，但有25%的概率什么都不付出。

选项二　确定付出700美元。

结果，75%的人选择了第一项。

通过前两个实验，我们可以得出以下结论：

一是绝大多数人追求期望的稳定性，首先选择保证能够得到的东西。

二是在人们的得失心理中，多数是宁可少得也不能不得。

三是绝大多数人往往会选择尽可能不付出或少付出。

正是在以上"得失心理"的作用下，人们很容易表现出期望失度，从而造成人类的病态痛苦。

**第三个实验：**

选项一 你加薪 500 元，你的同事也是如此。

选项二 你加薪 600 元，你的同事则加薪 800 元。

结果，选择一的人为 63.83%，选择二的人为 36.17%。

通过第三个实验，我们可以得出如下结论：

一是人们往往会对不公平现象产生负面心理效应，有抵触情绪，所以，尽管选择二加薪更多，但多数人还是选择了第一个选项。

二是人人都希望自己好，很多人也希望别人好，但希望别人比自己更好的人一定很少。

### 不知足，期望失度的故事

在现实生活中，期望不当或期望过度的例子比比皆是。有一个期望值管理不当的小故事很有意思。

有一个乞丐长期在一小区门口乞讨，有一位年轻人每次路过都给他一元钱，已经持续了相当长一段时间。后来有一次，这位年轻人路过时只给了五角钱，乞丐不高兴了，问道："你为什么只给我五角？"年轻人回答："我已经结婚生孩子了，所以只能给你五角。"乞丐一听火了，瞪大眼睛，气愤地说："你怎么可以拿我的钱去养老婆孩子呢？"

期望过度，就是指人们心理的不知足。明末清初，钱德苍老先生写了一本书《解人颐》，其中有一首打油诗，其实就是一首"不知足歌"，风趣幽默地描述了人们的期望无度：

终日奔波只为饥，方才一饱便思衣。

衣食两般皆具足，又想娇容美貌妻。

娶得美妻生下子，恨无田地少根基。

买到田园多广阔，出入无船少马骑。

槽头扣了骡和马，叹无官职被人欺。

县丞主簿还嫌小，又要朝中挂紫衣。

作了皇帝求仙术，更想登天跨鹤飞。

若要世人心里足，除是南柯一梦西。

## 感知错觉，坠入"比较陷阱"

只要有人存在的地方，就一定会有"比较"。但是，不同的"比较"方式会带来完全不同的结果。

心理学上有一个"感知错觉"的概念，就是讲人们出于虚荣心，往往都会在别人面前展示自己自信、成功、光彩的一面，让你想象他的幸福比实际情形要高出很多。

## "一枚钻戒"的故事

小津参加完同学的婚礼，出来就迫切地拨通了男友的电话。此时，她的男友正在另一座城市出差，他们俩打算半年后结婚。小津说："你知道吗？我同学小吴戴的是一克拉钻戒，就是上次我们在香港看过的那一枚，12万元啊，真令人羡慕！"她男友显示出一种八卦态度："噢？看来她嫁给了有钱人。"小津更是急迫地说："问题就在这里啊，她老公也是一个上班族，怎么就戴上了这么大的一枚钻戒。"电话那头对此话题不感兴趣，说自己在忙着，就把电话挂了。小津对这种事情是不甘罢休的。她一转身就去商场看有没有那枚钻戒。在一家珠宝店果然有这一款，13.3万元，雍容华贵，熠熠生辉。店员还笑盈盈地对她说："小姐你是结婚用的吧，这可是一生的纪念啊。"小津顿时觉得自己配得上这枚钻戒，当即又拨通了男友的电话，明确提出要买这枚钻戒。不想男友先是惊讶，后是气愤："你疯了吧，13万元买一枚钻戒，就这粒小石头能当饭吃吗？"小津一听就愤怒了："分手，永远都不要再见到你，从此一刀两断。"刚当新娘的小吴得知了小津与男友分手的消息后，不无感慨地对新婚老公说："我的同学马上就要结婚了却突然分手，原因就是一枚钻戒，我真搞不懂，你看我手上这枚才120元，淘宝买的，像真的一样，我们不也挺好吗？"

由于现实中存在如此众多的这种"感知错觉"，就容易使人坠入"幸福陷阱"之中，引发出许多不切实际的欲望，从而深陷人生的痛苦之中。

英国著名剧作家萧伯纳说，人的欲望满足了又会有新的欲望出现，如此循环往复，就会不断出现"循环痛苦"。

知足，你才能常乐

## 期望有度，控制可控部分

　　期望是人的一种心理预期，或者说是人们做某件事情希望达到的目标。期望包含两个要素，一个是主观愿望，一个是客观现实。当客观现实达到或超过主观愿望时，预期得以实现；相反，当客观现实未能达到主观愿望时，预期则未能实现。由于人们很容易期望不当或者期望过度，因此，客观现实就经常不能满足主观愿望，致使人们陷入痛苦之中。

　　要想获得幸福，必须进行期望值管理，有效控制可控部分。

### 目标设置与主观努力

　　所谓人类的病态痛苦，就是由于人们主观可控制的东西不愿意去控制，从而失去本来可以得到的东西；客观不可控制的东西却又拼命要去控制，想得到的东西实际上根本得不到。这种心理状态下，导致的结果必然是事与愿违，烦恼和痛苦由此产生。

那么，什么是主观可控制的部分呢？

一个人期望的实现取决于两个因素，一是期望目标的设置，二是主观努力的程度。期望目标一经设定，就带有了客观属性，因此期望的实现取决于期望目标设定的合理性和主观努力程度，这些都属于主观可控的部分。

期望值管理的最基本方法，就是要想方设法控制可控部分：一方面为自己设置一个有效的目标，另一方面尽自己的最大努力实现目标。

在目标设定时，需要遵循的原则是"跳一跳，够得着"。就像举重运动员，目标轻了没有成就感，体现不出自我价值，目标重了又举不起来，还会把自己压垮。

目标设定之后，我们要在主观可控的范围内尽到最大努力，只要努力了，就有可能达到相应目标；只要努力了，就于人于己没有了愧疚。

## 多关注努力过程

美国加利福尼亚大学心理学教授索尼娅·柳博米尔斯基在《幸福有方法》一书中指出，成功是幸福的假象，因为目标达成后所获得的幸福感很短暂，努力实现目标的过程才是最重要的，幸福是对快乐过程的享受。

有个年轻人约会，等得很着急，突然一个精灵出现，问他为什么如此煎熬难过，他说：我真盼女朋友快来，简直度秒如年。精灵说：那好，我现在给你一颗纽扣，你把它缝在衣服里，然后向右一转，时间就能跳过去，愿望就能马上实现。年轻人很快把纽扣缝在衣服上向右一转，果然美丽动人的心上人出现在眼前；他又想现在就与她结婚，于是又把纽扣向右一转，婚礼如期举行；他结婚后就想要个孩子，于是孩子马上降生；他想要一栋房子，房子就飘落眼前；他想要一个庄园，庄园呈现一派丰收景象……这时，他已不知道自己还缺什么了，惯性地再把纽扣向右一转，他已老态龙钟，衰卧病榻。他再也不敢转动纽扣了，因为他知道再转将意味着什么。这时他才彻底醒悟：人生只关注结果而不去享受过程是非常可悲的。

有人说，人生的过程99%是"痛苦"的，只有1%才是"精彩瞬间"。在这种观念的指导下，人们往往为了获得"精彩瞬间"而强迫自己过着"痛苦"的生活。其实，只要你能够发现过程之美，每一刻都会为你带来生命的精彩。

## 去掉期望中的"妄想"

有学者提出了期望值管理"去妄想"的概念。去妄想就是去掉不该去想的：

一是不正的欲望，如违法乱纪、损公肥私等；

二是不该的想法，如思所不达、力所不及的事情；

三是不对的做法，即期望并非不正、不该，但做法不对，途径选择不对，最后的结果往往适得其反。

马来西亚画家和雕塑家贾克梅第说：有时为了描绘一颗头颅，必须放弃整个躯体；为了画好一片树叶，必须枉顾整片风景。

得到有时就是来自放弃，这也正是中国人"舍得"的智慧。

### 知足才能常乐

这个"知足"故然是指满足。我们中国造字用词是很讲究喻意的，足就是脚，脚在人体的最底部，知"足"就能快乐了，意指我们对生活的期望值应合理恰当，不宜过高。

家有良田万顷，日食不过三餐；即便广厦万间，夜卧也便八尺。老子曾说过，祸莫大于不知足，咎莫大于欲得。古训中的"好高骛远""想入非非""心比天高""白日做梦"等，都是对期望过高的警示。

我们对于期望值的管理，必须寻找到主观愿望与客观可能的最佳结合点，并通过积极努力去持续不断地获得自己的心理满足，这也许就是人生幸福的真谛。

## 正向比较，"比"出幸福来

人都生活在现实社会中，具有相对性特点，必然要进行相互间的比较。比较亦是一种成长进步的动力，是人们自信心的体现。但是，比较必须合理。正如那些谚语和警句所说："比上不足，比下有余""尺有所短，寸有所长""金无足赤，人无完人"。

"比较"不仅与幸福感知有着紧密的联系，而且有时是决定一个人能否幸福的关键性要素。合理比较至少包括两个方面的意思，一是与人比较一定要选择好正确的"参照系"，二是最好的比较是不断地与自己的过去进行比较，不断比出进步，不断比出幸福。

### 选择好外部"参照系"

有一个年轻官员，在宴会中看到同学的名表名车后自惭形秽，开始利用职权吃拿卡要，不到两年时间就敛财暴富，不料东窗事发，被判刑入狱，成为阶下囚。这是一个典型的负面比较，产生了非常消极的后果。

下面这个寓言故事，也属于消极比较，或许能给我们更多的启发。

有一天，国王突然发现自家花园的花木都枯萎了，万分诧异。后来得知：橡树自卑自己没有松树高大挺拔而轻生，松树又因自己不像葡萄能结出果实而自尽，葡萄则哀叹自己未能像桃树盛开美丽的花朵而死亡，桃树却是觉得自己不像紫丁香发出诱人的芬芳而慢慢枯竭……这时，国王恼怒而沮丧地低下头，只见小草依然生机勃勃。小草悄悄告诉国王：这里还有我呢！国王问它：它们都枯死了，为什么只有你还这么郁郁葱葱，快快乐乐呢？小草说：我只是小草，不去与它们攀比呀！

幸福有时真的不是因为拥有的多，而是因为与别人比较的少。有句格言讲：想获得幸福很容易，与别人比较幸福永远痛苦。在现实生活中，"比较"比比皆是，无处不在，无时不有。

当然，我们讲幸福并不是不让你与别人比较，实际上，人们相互间的比较你也阻止不了，关键是要以一个积极的心态，找好正确比较的参照系，比出"比学赶帮"的和谐氛围来，比出"力争上游"的奋发情绪来。

有一个故事说，女孩被父母宠得不成样子，上街买鞋每双都不能如意，当场哭闹起来。这时一个与她同样大小的女孩没有双脚，依靠拐杖一瘸一颤地从她跟前走过。这女孩见后哭声戛然而止，低着头随妈妈买了鞋子高兴地回家。

有一首画题诗："他骑骏马我骑驴，仔细思量太不如。回头更见推车汉，比上不足比下余。"

这些都是正向的比较，产生的是非常积极的效果。

## 跟自己比，比出幸福来

泰戈尔有一首很有哲理的小诗《错觉》——

河的此岸暗自叹息：

"我相信，一切欢乐都在对岸。"

河的彼岸一声长叹：

"唉，也许，幸福尽在对岸。"

如果我们整天和别人比，就很容易掉进"比较陷阱"之中。所以，除了横向去与别人合理比较外，更要多与自己比，与自己的过去比。成长了，进步了，哪怕是一小步，一点点，也会产生满足感、幸福感。

《世说新语》中有这样一则故事：

桓公年轻时与殷侯齐名，他常有跟殷侯一较高下的攀比之心。桓公问殷侯："你和我相比，如何？"殷侯说："我与自己打交道已经很久，宁愿做我也。"殷侯的意思是说，我不在乎万物之有，而是专注于自己的内心，即"自我"则已。

世间人，如桓公者众，常有"竞心"，不惜与人当面论短长；世间人，如殷侯者少，不在乎身外之物，不做非分之想，专注于内心世界，只做好自己。其实，退一步，海阔天空。既然自己的事情还是需要自己来做，又何必时时不放"竞心"，自寻烦恼？人必须接受自己，立足自己，发挥自己，通过努力奋斗来超越自我，实现自己的理想和抱负。

高尔基说，人最伟大的胜利就是战胜自己。与自己比，一是用今天的我比昨天的我，今年的我比去年的我，时间会给予我们成长和进步，这是一种欣慰；二是万事皆有得失，对失误加以总结改进，对收获进行盘点总结，这是一种激励；三是每个人都有自己的活法，幸福也没有指标，只要遵从自己的内心，过好自己的生活，就是美好的人生。

著名学者费孝通有一句名言：各美其美，美人之美，美美与共，天下大同。意思是说，世间万物，各有所长，我们既要欣赏他人之美，也要发掘自身之美，大家互相欣赏和赞美，就能达到天地融合的境界。

## 从劣势中发现优势

每个人都具有自己的优势和劣势，关键看你如何去比较，如果你能够更加积极地看待自己的人生优劣势，就完全可以从劣势中发现自己的优势，从而比较出幸福来。

### 人生的劣势与优势

从前有一个僧人，在路上遇到一个跛腿的老人，老人的腿跛得特别厉害，走起路来一跳一跳的，但老人很快乐，走着唱着，那条跛腿走起来噼啪作响。

僧人很不明白，像这样跛得如此厉害的人，他云游四海见过不计其数，要么愁眉苦脸，要么忧伤叹息，要么沿街乞讨，他十分不解眼前这位老人，如何令他如此快乐。僧人不解地问老人，老人一听就笑了："我有什么不快乐的呢？只不过腿比别人短了一截而已，而比别人短的这截儿，恰恰是我最快乐的原因呀！"

僧人更是不解了。

这时，老人笑呵呵地说："我因为先天跛腿，所以小时候，家里面有什么活，父母不停地要哥哥弟弟干，而对我百般呵护，使我分享了更多父母的关爱。我的哥哥弟弟被生活逼得东奔西跑，终日为生计所困，而我因为腿跛，就没有人对我期望太高，也就没有了生活的压力。"

老人接着说："别人建起一栋房子没什么，而我建起一栋房子，人们就会说'那房子是跛子建起来的，多了不起呀！'我们村子的人在荒山野岭上开垦了许多地，别人开了四五亩，而我只开垦了一亩多地，就常常有人夸奖我，他们对自己的儿孙说：'瞧啊，这是跛子开垦的地，他跛得那么厉害，竟然能开垦出一块地，了不起！'"

老人又得意地笑着说："这条路有许多人走过，他们都留下了许多脚印，可现在还能找到吗？"僧人低下头根本找不出一个其他人的清晰脚印，只有面对的这个人的半行脚印深深地印在山路上。老人得意地说："许多人从这条路走过，因为双脚的平衡，所以没有留下一个很深的脚印，而我呢，因为腿跛，双脚用力不平衡，而留下了半行深深的脚印，别人那么辛苦也没有留下什么，而我轻而易举地就留下了自己的半行脚印，我不是比他们幸运多了吗？"

僧人顿时明白了，这世界上，生命的幸运不一定就是人生的幸运，而生命的不幸却可能是人生的幸运。有时，生命的劣势，往往反而成为优势。

## 幸福再发现

很多时候，我们之所以感觉自己不幸福，其实不是对方真的变了，而是你自己的想法变了。当我们"自掘坟墓"之后，你会发现原来的幸福已经莫名其妙地溜走了。

请尝试着从自己的"不幸"中再次发现仍然深藏其中的"幸福"，也许你会得到意外的惊喜。

## 感恩自己的枕边人

有位百合女居士找自在法师开示。自诉多年前，正当自己年轻之时，嫁给了比自己年长十岁的丈夫。当时，她觉得丈夫非常伟大，风华正茂，自己非常崇拜他。但是婚后多年，自己感觉他变了，没有那么伟大了，也没有了任何吸引力。

百合问法师这是怎么了，是不是婚姻真的是爱情的坟墓？

法师说：请跟我来。法师把女居士带到一座高山前，问：此山如何？女居士说：伟岸，高大，挺拔，秀美至极。

法师说，跟我上山吧。一路上山无语。走着走着，女居士累了，乏了，路也不好走，诸多抱怨。

等到了山顶，法师问：你刚才看到的山呢？女居士说：这个山不好，都是碎石路，树也没长好。不过，远远看去，对面的山更美啊。

法师笑笑说：恋爱时，就是远看高山，眼中满是崇拜。结婚了，就是上山，你看到的都是普通细节。到了山顶，你眼中也只是看到另外一座山而已。

山没有变，是你的心变了。你的心变了，眼神就变了。没有了崇拜，山就不再伟岸。你抱怨越多，伤害就越多。

你为什么能在山顶看到其他的高山？是因为你脚下踩的山提升了你的眼光而已。你应该感恩，而不是抱怨。

女居士听后恍然大悟……

合理比较，"比"出幸福来

## 豁达积极，摆脱"思虑过度"

索尼娅·柳博米尔斯基教授在《幸福有方法》一书中，专门研究了"思虑过度"对一个人幸福的影响。

她认为，所谓"思虑过度"，就是指一个人想得太多了，经常对自己的性格、感受或遇到的问题做出没有必要的、消极的思考，并且过度纠结事情的意义、原因及将带来的结果。例如："我为什么这么不幸"，"如果我继续拖延手头的工作，会发生什么呢"，"我很担心我的头发会变得越来越少"，"他那么说到底是什么意思呢"，等等。

无数的研究表明，思虑过度不仅不能解决问题，还会让事情变得越来越糟糕，而且思虑过度会严重危害自己的身体健康。如果不克服这个坏习惯，就不可能得到更多的幸福。

## "思虑过度"现象

一个思虑过度的人，通常会存在以下这些问题。

◎ 当自己心情不好时，会反复分析思考自己的感受和境遇，认为只有这样才能真正醒悟，找到解决问题的方法并且减少负面情绪；

◎ 当自己遇到消极的事情时，总是很快联想到消极的场景，如"这和我没找到工作那年的情况一模一样"，"我再也找不来购买商品的顾客了"……结果这些消极的联想和信念往往会真的应验，让自己很快陷入更大的焦虑甚至抑郁之中。

◎ 当自己遇到消极的事件时，会觉得自己非常不幸，这时很难集中精力在一件事情上，如学习、工作、谈话，甚至在玩乐时都会心神不宁。

◎ 面对不愉快的事情时（如上级的批评、社会的排斥、未确诊的疾病等），总是容易将原因归咎到自己身上，认为都是自己的错。

◎ 当自己遇到消极的事件时，往往纠结于悲观的想法而无法自拔，很难让自己投入到其他活动之中。

◎ 喜欢观察他人正在做什么或者他们又拥有了什么，经常发现别人比我强。每当发现"他工资比我高""她比我苗条"等别人比我好的情况时，就会感到烦恼、自卑、没有自信；每当发现别人有诸如"他又失业了""她不幸得了癌症"等不好的情况时，就会暗自窃喜甚至幸灾乐祸，但同时也会担心自己遭遇同样的不幸。

如果你存在以上这些情况，说明你经常会思虑过度，自然难以感到幸福。

### 摆脱"思虑过度"的困扰

以下方法可帮助你有效摆脱思虑过度带来的困扰。

◎ **避开刺激源**

对于不同的人来说，引起思虑过度的刺激源各不相同，但是，如果能够远离刺激源，自然可以少受影响。为此，你可以根据自己的情况，先列出一个个人刺激源清单，记录下可能会引起你思虑过度的各种场景（包括地点、时间、人物等）。如果可能的话，避开那些场景，或者想办法改变这种状况。

◎ **转移注意力**

面对生活中出现的各种逆境和不愉快，如果你发现自己对某件事纠结得没完没了，你可以在心里对自己大喊："停！别想了！"同时发挥自己的聪明才智，尽量去想想其他的事情，这样你的注意力就可以转移到其他事情上去。如果又想回去了，可以再次使用这种方法。

与此同时，你可以尝试快速将自己投入到其他活动之中以分散注意力，不要对生活中的消极事件死揪着不放。你所选择的转移注意力的活动一定要能够引起你的兴趣，比如阅读、听音乐、约朋友一起喝茶、做一项自己喜欢的运动等，这样才不会再次陷入胡思乱想之中。

◎ **自我激励**

面对随处可见且无法逃避的社会比较，幸福力强的人似乎根本不关心这些。他们通常会建立起自己的一套"比较"标准，比如认为自己非常擅长数学、烹饪以及与人沟通等，总是想起并相信自己拥有的强项。

在一个"句子回填"（即将打乱顺序的文字还原回去）游戏中，

幸福者和不幸福者的表现非常不同。在完成任务后，幸福的人感觉自己更加幸福，也对自己的能力有了更高的评价，同伴完成任务的速度快慢对他们似乎没有什么影响。相反，不幸福的人却对同伴的完成速度非常敏感——看到坐在旁边的同伴完成得比自己快，他们就会觉得自己能力差，不如别人，而且他们还会因为同伴的优秀而产生沮丧甚至焦虑的情绪。

一个人越幸福，就越少关注周围其他人的行为。

◎ 采取行动

有些思虑过度源于"技术性""专业性"很强的问题。例如，你可能由于某项专业能力不足，如不善理财，从而对理财问题产生焦虑，这时，你可以报名参加一个理财规划班，通过学习获得专业能力。你也可以自己先尝试着写下所有可行的解决方案，然后从中选出一个付诸行动，不要坐等事情发生，也不要一心指望他人的帮助，你应该立即行动起来，因为即使是一个很小的行动，都会让你的心情变好，从而变得更加自信。

◎ 面向未来

有时，我们之所以思虑过度，是因为我们做了"井底之蛙"。当我们面向未来，站在更广、更高的视角上看问题时，这些现在看来重大紧迫的问题就会显得微不足道。我们可以问自己："一年或者更久以后，这件事还有那么重要吗？"也许一个月或者一年后，我们已经根本不记得这些"小事"了。

◎ 学习提升

不幸福的人难以甚至根本不会对同伴获得的成就感到高兴，反而会为此深受打击；当同伴失败或者遭遇困境时，他们不仅不会给予同情，反而会暗自窃喜，甚至幸灾乐祸。而幸福的人会为他人的成功感到高兴，也会在他人遭遇不幸时表达关心。因此，积极向

"幸福"的人学习，也是提升幸福的重要方法。

## 实战演练："期望"与"比较"反思

对于任何一个人来说，保持"期望适度"，进行"合理比较"，并不是一件容易的事情，以下演练有助于你进一步加深对"期望适度"和"合理比较"的理解，同时进一步掌握"期望适度"和"合理比较"的具体方法。

### 演练之一：你的"期望"适度吗？

为什么一些人充满了"期望"但还是不幸福？

下面的练习可以帮助你反思自己的"期望"是否适度，筛选出自己期望中存在哪些"妄想"，从而为自己重新设置适度的目标并努力实现。

**第一步　列举近三年来你曾经为自己设置过的"目标"**

目标1：＿＿＿＿＿＿＿＿＿＿＿＿＿＿＿＿＿＿＿＿

目标2：＿＿＿＿＿＿＿＿＿＿＿＿＿＿＿＿＿＿＿＿

目标3：＿＿＿＿＿＿＿＿＿＿＿＿＿＿＿＿＿＿＿＿

目标4：＿＿＿＿＿＿＿＿＿＿＿＿＿＿＿＿＿＿＿＿

目标5：＿＿＿＿＿＿＿＿＿＿＿＿＿＿＿＿＿＿＿＿

……

**第二步　进行目标反思**

（1）哪些目标实现了，哪些目标没实现，这些目标分别具有什么特点？

（2）如果某个目标没有实现，是目标设置有问题，还是自己努力不够？

（3）如果是目标设置有问题或自己的努力不够，请重新修正自己的目标，并重新制订明确的行动计划。

**第三步　为未来设置有效的目标**

（1）开放式列举自己未来三年的"期望"。

（2）筛选出其中的"妄想"目标并去除。

（3）设置合理的目标并制订明确的行动计划，努力实现它。

### 演练之二：找出自己的人生优势

对自身优势和劣势的认知过程，实际上是一个"比较"的过程，如果你总是消极地看待人生，即使是自己真正拥有的优势也会变成人生的劣势；如果能够积极地看待人生，即使是你真地存在相对劣势也有可能转化为自己的人生优势。

**第一步　请根据自己的理解，列举出自己的优势与劣势**

优势1：_____

优势2：_____

优势3：_____

优势4：_____

优势5：_____

……

劣势1：_____

劣势2：_____

劣势3：_____

劣势4：_____

劣势5：_____

……

**第二步　重新反思自己人生的优势和劣势，特别是要从自己的"劣势"中找出优势来**

经过反思后，请重新列举自己的优势和劣势，包括重新改写自己的优势，特别是从劣势中发现优势，看看你的优势增加了多少？

优势 1：＿＿＿＿＿＿＿＿＿＿＿＿＿＿＿＿＿＿＿＿＿＿＿＿

优势 2：＿＿＿＿＿＿＿＿＿＿＿＿＿＿＿＿＿＿＿＿＿＿＿＿

优势 3：＿＿＿＿＿＿＿＿＿＿＿＿＿＿＿＿＿＿＿＿＿＿＿＿

优势 4：＿＿＿＿＿＿＿＿＿＿＿＿＿＿＿＿＿＿＿＿＿＿＿＿

优势 5：＿＿＿＿＿＿＿＿＿＿＿＿＿＿＿＿＿＿＿＿＿＿＿＿

优势 6：＿＿＿＿＿＿＿＿＿＿＿＿＿＿＿＿＿＿＿＿＿＿＿＿

优势 7：＿＿＿＿＿＿＿＿＿＿＿＿＿＿＿＿＿＿＿＿＿＿＿＿

优势 8：＿＿＿＿＿＿＿＿＿＿＿＿＿＿＿＿＿＿＿＿＿＿＿＿

……

**第三步　透过自己拥有的"优势"，重新进行自我激励，看看是否能够找回和提升自己的"幸福力"**

# 第二章　对己接纳，对人宽容

在这个世界上，每个人都是独一无二的，包括你的优点，也包括你的缺点，认识到这一点，我们就会发现每个人都会有自己存在的理由和价值。对己接纳，就是要接受自己，而且是无条件地接受自己。只有十分欢悦地接受了自己，我们才能建立起自信，才能坦然地面对世界，才能保持一颗平常心，才能找到自己幸福的基点。

与"对己接纳"相对应的就是要"对人宽容"。俗话说，金无足赤，人无完人，我们只有同时能够接受别人的优点和缺点，才能与他人和谐地相处，才能学习到别人的长处，才不会用别人的"缺点"来处罚我们自己。

和"期望适度"与"合理比较"一样，"对己接纳"与"对人宽容"是我们提升自己幸福力的又一对平衡木。既能够接纳自己，又能够宽容别人，自然就很容易感受到幸福。

## 你的幸福源于你自己

一个人无论是不接纳自己，还是不宽容别人，往往都源于自己在认知上存在某种误区，不能走出这种误区，往往很难获得应有的幸福。

## 从一位名牌大学生的"失落"说起

一位年轻人考入了北京某名牌大学，他是村里第一位大学生，村里人都来祝贺，父母倍感欣慰，年轻人自己也觉得非常高兴。

来到北京后，因为家庭经济条件所限，他无法像城里的同学那样穿着时尚的服装，使用紧跟潮流的高科技电子产品。四年的大学生活，他几乎将所有的时间都用在埋头读书、刻苦学习上，希望能够早日出人头地。

然而，不管这位年轻人如何努力，他的学习成绩在班上始终属于中等水平，花了大量精力专注于学习却并未给他带来多大成就感。不仅如此，由于他语言表达能力一般，活动能力比较弱，与同学关系相处得也不太融洽，又没有其他特长，因此，在心理上感到十分自卑。

面对这种情况，他难以接纳自己。临近毕业，他期望能够通过找一份好工作来证明自己的"优秀"。所以，他投简历的对象基本上都是知名国企与市场相关的职位，数百人一起竞争仅有的几个名额，激烈程度可想而知。他参加了好几次面试都没有被录用，当班上大部分同学都收到了入职通知书之后，他的工作还是没有着落。

曾经有同学跟这位年轻人分享过一家企业的招聘职位，但他觉得那个职位与他的目标不一致，而且企业的知名度不高，薪酬福利水平也一般，发展前景不太明朗，便一口谢绝了。

班上有个女同学，对年轻人颇有好感，但年轻人一直觉得自己各方面的条件都不怎么样，没有资格谈情说爱。听说年轻人找工作不顺利，女同学便来开导安慰他，通过多方分析，最终认为同学推荐的那个职位更适合他。而他的回答是："我只有进入大企业赚大钱才能出人头地，才能证明我的价值，才能给我父母争光。"

年轻人坚定地朝着自己的目标前进，却一次次希望落空。他开始变得情绪低落，不愿意跟同学交流，也不再那么努力地寻找工作机会，总爱发牢骚，认为这个社会对自己不公平，自己付出了同样甚至更大的努力，为什么总是得不到相应的回报。

## 失落源于不接纳自我

造成一个人失落的原因可能多种多样，但是最深层的原因可能来自于一个人的自卑，来自于对自己的不接纳，包括完全不接纳自我或不完全接纳自我。

上面这位年轻人虽然能够接纳自己家庭条件不好，不能跟其他同学比拼消费，但是，他不能接纳自己只是一个资质平常的人，不能接纳自己的能力不足，不能接纳自己比不上别人，不能接纳在同学眼中自己的不完美，不能接纳自己在语言表达方面的问题，同时也不能接纳自己的情绪，不能接纳自己得不到同等的机会与回报……

由于不能接纳自我，这位年轻人内心里很不自信，非常缺乏内在的力量，所以需要通过外在的事物来支持和体现他的价值，比如职位、收入等，当这些东西得不到时，他就变得非常失落。

其实，从旁观者的角度来看，应该说这位年轻人还是非常优秀的，作为他们村里第一个大学生，能考入名牌大学，足以证明他在智商与学习能力方面的出色。在名牌大学中成绩能够保持中等水平，其实在全国的大学生中也是名列前茅的。至于找工作中的失利，并不在于他本身的能力，而是对自己的优势劣势没有清晰的认识，只看到职位中的外在因素，没有顾及自己的相应能力，隐藏了自己的优势，放大了自己的劣势，当然难以达到目标。

当一个人对自己的价值没有正确认识，必然无法接纳自我，无法接纳自己的失败，反过来，由于不接纳自我又会放大自己的不足，从而更加不能正确认识自我，长此以往，造成恶性循环。

接纳自己是所有幸福的基点，如果没有这个基点，其他的因素再美好，对于我们来说也没有任何力量。

## 不接纳自我，就难以宽容别人

一个连自我都不能够接纳的人，往往也很难宽容别人。所以，当一个人不接纳自己的时候，自然而然地会表现出对社会、对他人的抱怨。上面的这位年轻人就是例证。

人们之所以不能够接纳自己和宽容别人，其中一个非常重要的原因就是在认知上追求"完美主义"。

完美这个词，百度百科给出的解释是：完备美好，没有缺陷，是心里遐想的世界，现实中并不存在，是人们渴望得到并追求的一种理念和动力，是存在于思想中的状态。人们可以追求完美，但是，如果变成完美主义者，就不仅会害人，同时也会害己。

在一篇有关"完美主义批判"的文章中写道：完美主义让人成为成功的奴隶，永远陷入自我否定的沼泽中不可自拔。完美主义既让生命充满"拿得起放不下"的浮躁情绪，又让人因为不能接受缺憾而只能拒绝冒险并墨守成规。完美主义究其根源是一种对失败的恐惧。完美主义只是一种幻想，在现实中根本不存在。

有两则感叹"完美主义"的短信：

女人感叹男人——有才华的长得丑，长得帅的没气质，有气质的不挣钱，会挣钱的不顾家，顾家的没出息，有出息的不浪漫，会浪漫的靠不住，靠得住的又是一个窝囊废。

男人感叹女人——漂亮的不下厨，下厨的不温柔，温柔的没主见，有主见的没女人味，有女人味的不时尚，时尚的不放心，放心的又没法看。

接纳自我才能宽容别人

　　其实，在真实的世界中并不存在所谓的"完美"，而不完美则是普遍存在的，就看你如何去面对。如果你一定要去追求完美，极力追求镜中花水中月，而忽略自己已经拥有的真实存在，那实际上是本末倒置，到头来只会烦恼缠身，永无快乐。世界之所以美好，就在于存在缺陷，花开半边最雅艳，酒到半醉最飘然。倘若事事都尽善尽美了，就不会再有希望，也就无所谓成功。接纳自己的好，也接纳自己的不够好，那才是真实存在的你。你可以不完美，但你依然是你，具有你独特的价值。

　　这就是人生的真谛，就是我们必须接纳自己、宽容别人的理由。

## 拥有一颗"宽容的心"

很多时候，我们发现自己很难去宽容，不管这个需要被宽容的人是我们自己还是别人。其实，不宽容别人就像自己饮下毒酒，却希望毒死别人一样；而不宽容自己，就真的像是饮下一杯毒酒来毒死自己。所以，每个人都需要有一颗"宽容的心"。

"宽容的心"至少包括两个方面。

一是原谅自己对别人的过错。

其实很多时候，我们对别人的过错仅仅是因为自己用了不正确的方式来表达，但后来我们知道了自己本来可以做得更好时，我们应该体谅当初那个自己。

也许我们需要在内心请求那些曾经对其犯了过错的人给予原谅。但不管对方是否原谅我们，我们都可以选择在心里真挚地道歉并祈求他们的原谅，同时尝试着去理解当时的自己。

二是原谅别人对我们的伤害。

和我们对别人的伤害一样，别人那些伤害我们的行为，也可能是因为他们自己的恐惧和无知。他们用最糟糕的方式，表达着自己对于爱和尊重的需要。我们能做的，就是召唤自己内心那个原谅的力量，给自己足够多的温柔和时间，让我们慢慢学会原谅那个人。因为当我们还有不原谅，我们的心就有一部分是封闭的，而这个封闭的心，会阻止我们去更好地体验现实生活中的美好。

宽容跟和解不同，"宽容"更多的是我们自己一个人的决定。当我们选择"宽容"的时候，其实是选择不再活在"受害者"的角色中，选择放下过去对我们的桎梏和牵绊，从一个心门紧闭的状态慢慢走到一个重新敞开心扉的状态，去体验更多的美好。

以下是李嘉诚宽容他人的小故事。

　　华人首富李嘉诚接到来自美国商人的订货单，可就在他完成订货后，美商却突然变卦不要了，他只好解除订单。

　　按照合同，违约方必须做出巨额赔偿。可是，当美商试探地问李嘉诚需要多少赔偿金时，李嘉诚却说："生意场上的事，变幻莫测，虽然你不要了，但我这批产品还未受到损失，所以就不必赔偿了。中国有句话：'生意不成情意在嘛！'"

　　美商千恩万谢而去。

　　时间久了，李嘉诚也慢慢淡忘了这件事。两年后，美国来了另一个商人，专找李嘉诚要买他的塑料花，一下子让他赚了一大笔。

　　事成之后，李嘉诚问道："先生为什么专门要我的产品？"对方回答："我有一个生意上的朋友，经常谈到你，说你这个人不错，待人仁厚，可以打交道，所以我就找上门来喽。"

　　李嘉诚这才恍然大悟，会意地笑了。


　　人与人的交往难免出现摩擦和矛盾，当别人犯错对你造成伤害时，不妨学着以德报怨，得饶人处且饶人。要知道，宽恕别人也就是善待自己。

　　宽恕，让李嘉诚失去了眼前的微利，却让他换来了长久的"财富"及千金难买的口碑。


## 接纳自己：上帝造人独一无二

　　在这个世界上，每一个人都是独特的，上帝造人独一无二。因此，建立起良好的自我认知，让自己充满自信，是实现自我接纳的最有效方法。

## 当好自己的"看客"

接纳自我首先要做到的就是客观地认识自己，既不能以偏概全，更不应该缩小优势，放大劣势。客观认识自己，就是要正视真实客观的自我，包括生理特征、家庭背景、成长经历、个性特质等一切自我的构成。你只需要去正视这一切，不需要做任何的评价。就像去看一朵花，看它的大小、颜色、花瓣、叶脉，而不去评论它的花型是否饱满，味道是否甜美，你要做的，仅仅是看，当好自己的"看客"。

每个独一无二的个体都有着独特的人格特质，这些特质由先天和后天两部分因素共同决定。一般而言，后天因素可以改变，但先天因素（包括外显的和内隐的）通常是无法改变的。那些来自祖辈父母的基因决定了你的生理特质，包括身材相貌、智力水平、气质类型等。

世界上，每一个人都是独一无二的

　　常常会有一些人，总是在抱怨自己的面容不够姣好，身材不够高挑，体重不够标准，总之就是觉得自己不够好。认为只要上天让自己长得更漂亮一些，个子再高一些，身材更标致一些，就能获得他人的肯定，体现出更大的价值，就会拥有一个幸福的人生。其实，这些因素真的不是你自己可以控制的，而且也不会像你所想象的那样"可以决定一切"。

　　以智商为例，统计学资料显示，人群中的98%，也就是绝大部分人都是平常人，而另外的2%，一半是天才，一半是白痴。因此对大部分人来讲，在平均智商的正负两个标准差之内，都属于平常智力，我们与其他人并没有太大的不同，不必妄自菲薄，也切勿自视过高。

　　每个人都有缺点和优点，有短处也有长处，有失败也有成功，既然天生的部分自己难以改变，我们坦然地接受就行了。既接受好的部分，也接受不好的部分，不需要隐藏，不需要抱怨，更不需要抵制，只有达成对内的和解，才能有效地达成对内的认同，接受现实的自我是对自身具有特质的一种态度。

　　如果你能够像"看客"一样看清楚自己，接受甚至欣赏自己，你就能够很容易地接纳自己，同时接纳与自己相关的一切。

　　接纳自己不需要任何的条件。无论你来自什么样的家庭，身材容貌如何，受过什么样的教育，从事什么职业，曾经做过什么，你都是独一无二的，是这个真实物质世界的唯一，因此你值得被接纳被珍爱，特别是被你自己所接纳与珍爱。

　　不论自己是一个怎样的人，有着何种人生体验，有着何种能力与态度，都是一个完整独特的个体。当一个人能够清楚地梳理自己、觉察自己，全面地了解自己，正确地认识自己，就有了自我接纳的基础，才能真正地接纳自我。

## 相信"自信"的力量

自我接纳只是一种手段，自我接纳的最终目的是让个体正视并拥抱真实的自己，然后在现有基础上整装出发，去进一步完善自我。

就像一个人不接纳自己是因为"自卑"一样，要进一步完善自己，就需要让自己充满"自信"。一个人一旦拥有了"自信"，就会展现出强大的力量。

在古希腊神话中，塞浦路斯国王皮格马利翁性情孤僻，常年独居。他善于雕刻，一次深感孤寂，用象牙雕刻了一尊他理想中的美女人像。久而久之，他竟对这尊美女雕像产生了爱慕之情，于是祈求爱神阿佛洛狄忒赋予雕像生命。爱神被他的真诚和执着所感动，就真的使这尊雕像活了起来。国王皮格马利翁称她为盖拉蒂，并娶她为妻。由此，人们把内心期望产生现实效果的现象称之为"皮格马利翁效应"。

20世纪60年代，美国哈佛大学著名心理学家罗森塔尔运用"皮格马利翁效应"，到美国加州一所学校进行了一次著名实验。

罗森塔尔和助手来到哈佛大学，声称要进行一项"最高智商学生未来发展趋势测验"，并煞有介事地以赞赏的口吻，将一份"最有发展前途者"的8个学生名单交给了校长和老师，叮嘱他们务必要保密，以免影响实验的正确性。其实他撒了一个"权威性谎言"，因为名单上的学生根本就是随机抽出来的。一年后，奇迹出现了，名单上的8名学生，个个学习成绩都有了大幅度的进步，而且其他各方面都表现得很优秀。

显然，罗森塔尔的"权威性谎言"发生了作用，因为这个"谎言"对校长和老师产生了暗示，左右了老师对这8名学生学习能力的评价，并给予了高度关注和经常不断的赞扬。而教师又将自己自愿赞许的心理活动通过情绪、语言和行为传染给了这8名学生，使他们强烈地感受到来自老师的欣赏和期望，从而源源不断地获得鼓励，自信心大大增强，内在潜能和积极情绪得到充分发挥。后来这8名学生个个都无不深有体会地说到，当我们的所作所为都得到老师和同学们的肯定和赞扬时，就在心里不断地暗示自己的行为是正确的，信心也就更大更足了，总感到成功离我们越来越近，也就越来越努力，最终果然就这样成功了。

这一"罗森塔尔效应"在其他的相关实验中也得到了同样的验证。

1963年，罗森塔尔告诉学生实验者，用来进行迷津实验的两组老鼠来自不同的种系：聪明鼠和笨拙鼠。实际上，老鼠来自同一种群。但是，实验结果却得出了聪明鼠比笨拙鼠犯的错误更少的结论，而且这种差异具有显著的统计性数据支持。

罗森塔尔对学生实验者测试老鼠时的行为进行观察，并没有发现欺骗或做了其他使结果歪曲的事情。可以推断，领到聪明鼠的学生比领到笨拙鼠的学生更能鼓励老鼠去通过迷宫。正是这一因素影响了实验的结果，从而再一次证明了"自信"的力量。

为了让自己相信自己，充满自信的力量，我们可以经常对自己进行心理暗示。比如，你可以经常鼓励自己："我一定行！""我完全可以胜任这项工作！"……

当我们由于"自信"的力量而不断取得成功时，我们就会更加相信自己，从而更加欣赏自己，当然也就更能接纳自己。

## 掌握"自信"的方法

"自信"既是一种主观的心理状态，更是一种现实的能力。要建立持续的"自信"，还需要让自己不断体验成功，需要遵循一套科学的方法。

虽然成功本身并不等同于"自信"，但是，一个人如果能够不断获得成功，必然能对自信的建立发挥积极作用，而最容易获得成功的领域当然是自己能够熟练掌握的领域。如在公众场合演讲，任何人都可能会缺乏自信，因为害羞、胆怯，在众人面前心里紧张，这是人的天性。但是，经过一次、两次、三次……反复练习之后，由于心理上适应了公众环境，而且熟练掌握了演讲的方法和技巧，就会慢慢找到轻松自如的感觉，逐步变得自信起来。所以，通过熟练掌握带来成功体验是增强自信的最基本方法。

◎ **尽可能将自己置于成功可能性比较大的情形之中**

俗话说，隔行如隔山。无论你在某些熟悉领域多么自信，也可能对其他陌生领域不自信。因此，建立自信要尽可能将自己置于成功可能性比较大的情形之中，熟能生巧，才有更多的机会来体验成功。

以下均属于"成功可能性比较大"的情形：

一是进行职业生涯规划，引领和促进自己循序渐进地成长进步；

二是选择做自己最具优势、最擅长的事情；

三是参加培训以掌握相关技能，并积极应用于实践之中；

四是通过制订工作计划，避免被大量无序的工作所左右；

五是专注于自己热爱并熟悉的专业，坚持做下去，以取得非凡的成就；

……

◎ 让自己不断体验"小成功"来持续增强自信心

一个人要一下子取得巨大的成功并非易事，但通过不断获取"小成功"，建立并不断增强自信心，日积月累起来，就会形成高度的自信。

不断取得"小成功"的具体做法有：

一是将"大任务"分解成若干个具体的"小任务"；

二是根据完成"小任务"的需要，学习掌握相关的子技能；

三是为自己设立弹性目标，并且尽可能在自己可以专注的环境下进行工作；

四是频繁地体验"小成功"，从而不断增强自信心；

……

◎ 争取资源加大成功系数

自信心的建立取决于多种因素。而在众多因素中，有些是自己可以控制的，比如获取可以帮助你实现特定目标的知识、技能和能力。而有些因素则是你无法控制的，比如说，你虽然有一个很好的创新建议，但是你的组织并不一定认同，特别是并不一定提供财务等条件支持，这个建议就无法实施。

因此，你在使用前面两种方法的时候，一定要对"成功"所依赖的资源情况进行评估。即：你是否拥有可控的资源从而确保能够获得成功？如果没有，你就要积极争取，如果争取不到，你就难以"将自己置于成功可能性比较大的情形之中"，也就无法体验到"小成功"。

◎ 挑战自我，体验更高成功

每个人都有自己的"舒适区"，在这个区域内我们往往显得非常"自信"。但是，如果总是局限于既定领域，我们很有可能会变成"温室里的幼苗"，根本经不起风吹浪打。因此，提高自信的更高层次，是要跳出熟练掌握，去挑战自我，体验更新更高的成功。

网络上流传过一个关于鹰与鸡的寓言故事，能够给我们很大的启发。

从前，有一个喜欢冒险的男孩爬到父亲养鸡场附近的一座山上，发现了一个鹰巢，他从里面拿了一只鹰蛋，带回养鸡场，把鹰蛋和鸡蛋混在一起，让一只母鸡来孵化。于是，母鸡孵出来的小鸡群里便有了一只小鹰。

小鹰与小鸡一起长大，因不知道除了小鸡外自己还会是什么，所以它很满足。小鹰从来没有飞过，过着与鸡一样的生活。

母鸡后来知道了小鹰不是小鸡，于是不断鼓励小鹰飞翔，但是，开始时，小鹰不相信自己是鹰，更不相信自己能飞，于是久久不敢离开"舒适区"。直到后来，母鸡将小鹰带到悬崖边，一狠心将小鹰扔下去，生死关头，小鹰不得不展翅奋飞，结果，一飞冲天。从此，自认为是小鸡的小鹰成为一只真正的雄鹰。

其实，每一个人都具有很大的潜能，他们犹如隐藏在大海之下的冰山，只是还未被发现。许多成功者就像寓言中的那只鹰，当最大限度地开发潜能时，他们便获得了更大的正能量。

## 宽容他人：不断提升自己的境界

不断提升自己的境界，是提高自己宽容能力的最有效路径。

### 坦然接受"世界"的另一半

我们之所以不能宽容别人，往往是因为我们不能够接受自己不认同的另一半世界，当你能够坦然接受另一半世界的时候，你的宽容能力将会大大提高。

　　一位师弟向师父数落师兄的不是，说了很长时间。

　　师父耐心地听完后说："你的性格属于黑白分明、嫉恶如仇的类型。"

　　弟子表示同意。

　　师父又说："可这世界天一半，地一半；男一半，女一半；善一半，恶一半；清一半，浊一半……但你只能接受一半，你的世界是不完整的。只有包容不完善的世界，才能拥有完整的世界。"

　　师弟顿悟。

　　你要想拥有一个完整的"世界"，就必须同时接受另一半的"世界"。接受恶的存在不等于让自己向恶。善恶是非往往是人生的跷跷板，把善扶到高处，恶必然处于低处，把善摆在明处，恶必然处在暗中。善始终在高处、明处，那恶就始终在低处、暗处。

　　接受不完美的另一半，不是要让自己驻扎在另一半世界，而是要避免让自己落入另一半的世界。守住美好的一面，丑陋的一面就失去了展现的机会。无论对待这个世界，还是对待自己，对待周围的人，都是如此。

　　把自己最美的一面扩大，缺点的领地就在被压缩；发现别人最美的一面，他的缺陷就会失去展现的时空。

### 遇事冷静，避免"误会"升级

　　很多时候，我们之所以不宽容别人，往往是在不冷静的情况下做出了错误的判断，如果我们能够先冷静下来，弄清事情的真相，

"误会"就不会升级。自然地，我们也就不会需要被他人"宽容"。

下面的故事就是因为"误会"所致。


早年，在美国的阿拉斯加，有一对年轻人结婚后，他的太太因难产而死，遗下一个孩子。他整天忙于生活，因没有人帮忙看孩子，就训练一只狗，那狗聪明听话，能照顾小孩，可咬着奶瓶喂奶给孩子喝。

有一天，主人出门去了，让狗照顾孩子。他到了别的乡村，因遇大雪，当日不能回来。第二天赶回家时，狗立即闻声出来迎接主人。他打开房门一看，到处是血，抬头一望，床上也是血，孩子不见了。这时狗在身边，满口也是血，主人发现这种情形，以为狗性发作，把孩子吃掉了，大怒之下，拿起刀来向着狗头一劈，把狗杀死了。

就在这时，他忽然听到孩子的声音，又见他从床下爬了出来，他赶紧抱起孩子。奇怪的是，孩子身上虽然有血，但并未受伤，他不知道究竟是怎么一回事。再看看狗身，腿上的肉没有了，旁边有一只狼，口里还咬着狗的肉。

狗救了小主人，却被主人误杀了，这真是天大的误会。


"误会"之所以发生，往往是人在不了解情况时，由于不理智，无耐心，感情冲动所致。"误会"刚开始时，往往一心想着千错万错都是对方的错，于是越陷越深，最终弄到不可收拾的地步。人对无知的动物小狗尚且会发生如此误会，并产生如此可怕严重的后果，人与人之间由误会而造成的后果更是可想而知。

### 学会谅解，以爱对恨

2016 年，在网上流传一篇中国最佳微小说《宽容》。

娃儿拿回成绩单。

老爸："数学0分，语文1分？"

娃儿点点头，颤抖中……

空气凝结，气氛无比恐怖，感觉大事不妙。

老爸深吸一口旱烟，说道："孩儿，你有点偏文科呀！"

这篇小说虽然是调侃，但是，这位老爸对儿子表现出了难得的"宽容"，相信比举手就打效果好多了。

其实，每个人都应该多以宽容的眼光看待不光明的一面，不要把眼睛总盯着不尽如人意的地方——这才是正确的态度。

释迦牟尼说："以恨对恨，恨永远存在；以爱对恨，恨自然消失。"

第二次世界大战期间，一支部队在森林中与敌军相遇，激战后两名战士与部队失去了联系。这两名战士来自同一个小镇。

两人在森林中艰难跋涉，他们互相安慰。十多天过去了，仍未与部队联系上。一天，他们打死了一只鹿，依靠鹿肉艰难地度过了几天。可也许是战争使动物四散奔逃或被杀光，这以后他们再也没看到过任何动物。他们仅剩下的一点鹿肉，背在年轻战士的身上。这一天，他们在森林中又一次与敌人相遇，经过再一次激战，他们巧妙地避开了敌人。

就在自以为已经安全时，只听一声枪响，走在前面的年轻战士中了一枪——幸亏伤在肩膀上！后面的士兵惶恐地跑了过来，他害怕得语无伦次，抱着战友的身体泪流不止，并赶快把自己的衬衣撕下包扎战友的伤口。

晚上，未受伤的士兵一直念叨着母亲的名字，两眼直勾勾的。

他们都以为自己熬不过这一关了，尽管饥饿难忍，可他们谁也没动身边的鹿肉。天知道他们是怎么过的那一夜。第二天，部队救出了他们。

事隔30年，那位受伤的战士安德森说："我知道是谁开的那一枪，他就是我的战友。在他抱住我时，我碰到了他发热的枪管。我怎么也不明白，他为什么对我开枪？但当晚我就宽容了他。我知道他想独吞我身上的鹿肉，我也知道他想为了他的母亲而活下来。此后30年，我假装根本不知道此事，也从未提及。战争太残酷了，他母亲还是没有等到他回来，我和他一起祭奠了老人家。那一天，他跪下来，请求我原谅他，我没让他说下去。我们又做了几十年的朋友。"

## 善用智慧，让宽容呈现光芒

宽容本身是一种境界，但是，只有善用智慧，才能让宽容展现出智慧的光芒。

以下几个故事很值得我们学习和借鉴。

### 一位老妈妈婚姻幸福的秘诀

一位老妈妈在她50周年金婚纪念日那天，向来宾道出了她保持婚姻幸福的秘诀。

她说："从我结婚那天起，我就准备列出丈夫的10条缺点，为了我们婚姻的幸福，我向自己承诺，每当他犯了这10条错误中的任何一项，我都愿意原谅他。"

有人问，那10条缺点到底是什么呢？

她回答说："老实告诉你们吧，50年来，我始终没有把这10条缺点具体地列出来。每当我丈夫做错了事，让我气得直跳脚的时候，我马上提醒自己——算他运气好吧，他犯的是我可以原谅的那 10 条错误当中的一个。"

人的一生中，不会总是艳阳高照，鲜花盛开，也同样有夏暑冬寒，风霜雪雨，学会适当地忍让，幸福就会常在你身边。

早在半个多世纪之前，陶行知先生就把民主与宽容的思想渗透到了自己的教育实践中，让它们发挥奇妙的作用。

## 陶行知先生的四块糖果

陶行知先生当校长的时候，有一天看到一位男生用砖头砸同学，便将其制止并叫他到校长办公室去。当陶校长回到办公室时，男孩已经等在那里了。陶行知掏出一颗糖给这位同学："这是奖励你的，因为你比我先到办公室。"接着他又掏出一颗糖，说："这也是给你的，我不让你打同学，你立即住手了，说明你尊重我。"

男孩将信将疑地接过第二颗糖，陶先生又说道："据我了解，你打同学是因为他欺负女生，说明你很有正义感，我再奖励你一颗糖。"

这时，男孩感动得哭了，说："校长，我错了，同学再不对，我也不能采取这种方式。"

陶先生于是又掏出一颗糖："你已认错了，我再奖励你一块。我的糖发完了，我们的谈话也结束了。"

陶行知先生四颗糖的故事体现了宽容的魅力，闪耀着教育者的智慧。宽容是一种美好的教育情感，教育需要宽容，更需要给宽容一个生存的空间，让宽容"复活"。俗语说，过犹不及。有时候制约太多、束缚太紧，反而不利于发展。

## 宽容，是一种信任

一天，一位学生家长向老师汇报说他的孩子新买的球拍被偷了，要求老师在班级里好好查一查，把小偷揪出来，好好教育教育。

老师听后并没有立即展开调查，而是请同学们讨论该如何找出这副球拍，结果有个孩子说应该把全班同学的书包、抽屉都搜一遍。对此，同学们有赞成的、有反对的。

此时老师及时引导，让同学们开个辩论会，结果通过辩论，师生一致认为还是不搜的好，说那个拿了球拍的同学一定是另有苦衷，他看同学们今天这么诚心诚意地帮他，他一定会很感动，一定会把球拍还回来的。

果然，第二天，球拍真的回来了。

老师和同学的信任与宽容保护了那个拿球拍孩子的自尊心，也拯救了孩子的心灵。如果老师大张旗鼓地在班级展开轰轰烈烈的调查，并且让那个孩子公开"亮相"的话，那后果一定是不堪设想。

## 宽容是一种激励

一次单元测验后，老师对同学们说："这次测验，你们知道谁进步最大吗？告诉你们，是小雨同学！他考了60分啊！"

顿时，班里响起了热烈的掌声。

60分对别的孩子来说可能是不光彩的，但对平时分数"臭名远扬"的小雨来说，是一件破天荒的大事。

一时间，所有的目光都半信半疑地集中到小雨的身上。此时，小雨压抑不住内心的激动，有一丝隐秘的喜悦流露出来。

可是，当试卷发下去后，一件意想不到的事出现了：一个同学检举说小雨的分数算错了，其实他只有55分。此时全班同学都悄无声息，小雨也出奇地平静，显出了常有的那种波澜不惊、"视死如归"的模样。

此时老师已有了主意，只见她清了清嗓子，大声说："老师确实是粗心大意了，多算给小雨5分，但是今天我不想收回这5分，我愿意借给他5分。因为我相信，凭他最近的表现，他有一天会加倍偿还这5分的！"

就是这5分使小雨像变了个人似的，各方面都有了明显的进步。后来他在给老师的信中说："敬爱的老师，谢谢您曾经借给我5分，也许您早已把那微不足道的5分忘了，但它对我来说却是刻骨铭心、十分珍贵、终身难忘的。"

这个"借给他5分"的故事足以说明宽容会化作一种力量，激励人自省、自律、自强。

## 实战演练："接纳"与"宽容"反思

接纳、宽容与一个人的自信水平紧密相关，对己接纳，对人宽容，说起来容易，做起来难。

以下演练帮助你进一步认清自己，从而有针对性地提升你的接纳、宽容与自信水平。

### 演练之一：你能接纳自己吗？

（1）请列举你对自己目前状况感到非常满意和非常不满意的地方分别有什么？

◎ **我对自己以下情况感到非常满意：**

①＿＿＿＿＿＿＿＿＿＿＿＿＿＿＿＿＿＿＿＿＿＿＿＿

② _____

③ _____

④ _____

⑤ _____

⑥ _____


◎ 我对自己以下情况感到非常不满意：

① _____

② _____

③ _____

④ _____

⑤ _____

⑥ _____


（2）请具体分析以上情况哪些是不可改变的？哪些是可以改变的？

◎ 以下内容是与生俱来的，无法改变：

① _____

② _____

③ _____

④ _____

⑤ _____

⑥ _____


◎ 以下内容主要是后天形成的，完全可以通过自己的努力进行改善：

①_____

②_____

③_____

④_____

⑤_____

⑥_____

（3）针对可改善的内容，进一步分析，哪些是由于目标设置不合理造成的？哪些是由于自己努力不够造成的？

_____

_____

_____

### 演练之二：你能宽容别人吗？

（1）请列举你对别人最不能宽容的事项或事例。

◎ 我对别人最不能宽容的事项是：

①_____

②_____

③_____

④_____

⑤_____

⑥_____

◎ 我对别人最不能宽容的具体事例：

_____

_____

　　　　_____

　　　　_____

　　　　_____

　（2）请具体分析以上事例，你为什么不能宽容别人？是否可以改变？

　　　　_____

　　　　_____

　　　　_____

　　　　_____

　　　　_____

　（3）如果你愿意宽容别人，请针对上述事例制订你的具体行动计划。

　　　　_____

　　　　_____

　　　　_____

　　　　_____

　　　　_____

　　　　_____

### 演练之三：让自己"自信"起来

　　关于"自信"的反思练习，有助于发现自己在自信方面的优势和存在的问题，从而有针对性地提升自己的"自信"水平。

以下是供你反思练习的表格，你可以将它作为自己的反思工具。

表 2 - 1    "自信"反思练习表

| 具体领域<br>选择 | 需要完成的<br>各项具体任务 | 重要程度<br>排序 | 自信程度<br>打分 |
|---|---|---|---|
| | | | |
| | | | |
| | | | |
| | | | |
| | | | |
| | | | |
| | | | |
| | | | |

自信程度打分的具体《衡量标准》为：

◎ 根本无法完成任务                                              0 分

◎ 基本上可以完成这些任务                                    1 ~ 59 分

◎ 能够完成任务                                              60 ~ 69 分

◎ 做这些工作时，能够达到自己和他人的期望        70 ~ 89 分

◎ 在完成这些任务时表现卓越                              90 ~ 100 分

基于以上表格和自信程度打分标准，整个反思练习包括三大类：

一是反思自己在熟悉领域的"自信"程度，这是一个人是否自信的起点；

二是反思自己在一个新领域的自信程度，这是衡量一个人是否

具有挑战精神，是否具有更高层次的自信；

三是通过对以上两大反思结论进行对比分析和总结，看看自己是否能够对自己的自信水平做出更加全面的评估，特别是看看自己是否能够有意外的发现。

◎练习1　在熟悉的领域中，你有多自信？

第一步：

选择一个在个人工作或生活中你觉得非常有信心的具体领域。

第二步：

详细列出为了取得成功，你在这一领域需要完成的各项具体任务。

第三步：

把各项具体任务按照重要性进行排序，最终选择出 5 项最关键的任务，即那些对总体成功具有重大影响的任务。

第四步：

参照上表所附《衡量标准》，在 0～100 分这个尺度上，逐一衡量在不同关键任务上你有多自信。

◎练习2　在新的领域里，你有多自信？

第一步：

选择一个你一直想尝试或是希望做得更好的具体领域。

第二步：

详细列出为了取得成功，你在这一新领域需要完成的各项具体任务。

第三步：

把各项具体任务按照重要性进行排序，最终选择出 5 项最关键的任务，即那些对总体成功具有重大影响的任务。

第四步：

参照上表所附《衡量标准》，在 0 ~ 100 分这个尺度上，逐一衡量在不同关键任务上你有多自信。

◎练习3　反思练习主要结论

基于前面的两个反思练习，将反思结果进行对比分析，然后填写下表。

表 2-2　"自信"反思总结表

| 类别 | 反思练习 1 | 反思练习 2 | 平均得分 |
|---|---|---|---|
| 五项关键任务<br>总体得分 | | | |
| 五项关键任务<br>最高项得分 | | | |
| 五项关键任务<br>最低项得分 | | | |
| 通过反思得出的主<br>要结论 | 结论1：（你对自己自信水平的总体评价）<br><br>结论2：（你认为自己在熟悉领域积累的经验对你在新领域建立自信有哪些帮助）<br><br>结论3：（对照第二节中讲到的"掌握'自信'的方法"，你准备运用哪些方法来提升你的自信水平?） | | |

# 中篇 "幸福"的行动

## 引言　幸福是"行动"得到的

　　对于获取和提升幸福而言，"行动"与"思维"具有同等的价值。从某种意义上讲，"行动"甚至比"思维"具有更大的价值。因为，如果你只想不做，有些独特的"体验"你将永远无法获取。

　　从上述意义上讲，幸福是"行动"得到的。只要你坚持"行动"，就一定能够有效提升你的主观幸福感。

　　提升幸福的"行动"多种多样，而且对于每个人来说，其效果也大不相同。但是，经过专家反复实验研究，有些"行动"对于所有的人都具有良好的"功效"，比如感恩的行动，构建亲密人际关系，培养兴趣，确定目标和实现目标的过程，如此等等。

# 第三章　主动感恩，幸福之源

感恩，是古往今来一致被公认的崇尚的美德。感恩是对给予者发自内心的回报，是对自己所拥有东西的"知足常乐"，是对别人不计回报的主动付出。

感恩之心就是幸福之心，常怀感恩之心，你就是幸福之人。

## 感恩之心，幸福之源

约翰·弥尔顿在《失乐园》中写道："心是自己的殿堂，它能把地狱变成天堂，也能把天堂变成地狱。"感恩之心是一个人幸福的源泉，如果你拥有一颗感恩之心，幸福就会伴随在你的身旁。

### 从"感恩节"说起

"感恩节"发源于美国，如今已经国际化，一些国家也有自己独特的感恩节。

感恩节是美国人合家欢聚的节日，每逢这一天，举国上下热闹非凡，人们按照习俗前往教堂做感恩祈祷，城乡到处都有化装游行、戏剧表演或体育比赛等。亲人们会从天南海北归来，一家人团团圆圆，品尝美味的感恩节火鸡。同时，好客的美国人也不忘在这一天邀请好友、单身汉或远离家乡的人共度佳节。

"清明节"是中国的传统节日。近年来，随着人们感恩意识的
"复兴"，中国人对清明节的重视程度越来越高，有人将清明节称为
中国的"感恩节"。

对中国人来说，无论是过来自美国的"感恩节"，还是过本土固
有的"清明节"，其背后都贯穿着"感恩"的情结。

对今天的我们来说，特别需要清明这样一个日子，来感谢那些
在我们人生的不同阶段以不同的方式关爱我们、温暖我们、陪伴我
们的故去的亲人朋友，来感谢那些为国家的前途、民族的解放、人
民的幸福而捐躯的仁人志士。当我们在祭拜祖先、悼念亲人时，我
们会进一步学会感恩，从而更加懂得珍惜生命，关爱亲人，善待
友人。

### ◎ 美国"感恩节"的由来

美国感恩节起源于马萨诸塞普利茅斯的早期移民，这些移民在
英国本土时被称为清教徒。由于他们对英国教会宗教改革的不彻底
感到不满，加上英王及英国教会对他们进行政治镇压和宗教迫害，
所以这些清教徒决定脱离英国教会，远走荷兰，后来又决定迁居到
大西洋彼岸那片荒无人烟的土地上，希望能按照自己的意愿信教，
自由地生活。

1620年9月，"五月花号"轮船载着102名清教徒及其家属离开
英国驶向北美大陆，经过两个多月的艰苦航行，在马萨诸塞的普利
茅斯登陆上岸，从此定居下来。第一个冬天，由于食物不足、天气
寒冷、传染病肆虐和过度劳累，这批清教徒一下子死去了一半以上。
第二年春天，当地印第安部落酋长马萨索德带领心地善良的印第安
人，给清教徒送去了谷物种子，并教他们打猎、种植庄稼、捕鱼等。

在印第安人的帮助下，清教徒们当年获得了大丰收。首任总督威廉·布莱德福为此建议设立一个节日，庆祝丰收，感谢上帝的恩赐。同时，还想借此节日加强白人与印第安人的和睦关系。1621 年 11 月下旬的星期四，清教徒们和马萨索德带来的 90 名印第安人欢聚一堂，庆祝美国历史上第一个感恩节。男性清教徒外出打猎、捕捉火鸡，女人们则在家里用玉米、南瓜、红薯和果子等做成美味佳肴。就这样，人们围着篝火，边吃边聊，还载歌载舞，整个庆祝活动持续了三天。

第一个感恩节非常成功，其中许多庆祝方式流传了几百年，一直保留到今天。最初感恩节没有固定日期，由各州临时决定，直到美国独立后，感恩节才成为全国性节日。1863 年，林肯总统把感恩节定为法定假日。1941 年，美国国会通过一项法令，把感恩节定在每年十一月的第四个星期四。

### ◎ 中国"清明节"的由来

以下这段文字，是关于"清明节"最具文学化的描述。

春秋，晋公子重耳为逃避迫害而流亡国外。流亡途中，在一处渺无人烟的地方又累又饿，再也无力站起来，随臣找了半天也找不到一点吃的。正在大家万分焦急时，随臣介子推走到僻静处，从自己大腿上割下一块肉，煮了一碗肉汤让公子喝了，重耳渐渐恢复了精神。当重耳发现，肉是从介子推自己腿上割下的时候，流下了眼泪。十九年后，重耳做了国君，就是历史上的晋文公。即位后重赏了当初伴随他流亡的功臣，唯独忘了介子推。很多人为介子推鸣不平，劝他面君讨赏。然而介子推鄙视争功讨赏，他打好行装同母亲到绵山隐居去了。

晋文公听说后羞愧莫及，亲自带人去请介子推。然而，介子推已离家去了绵山。绵山山高路险，树木茂密，找寻谈何容易。有人献计，从三面火烧绵山逼出介子推，但大火烧遍绵山却没见介子推的身影。火熄后人们才发现，背着老母亲的介子推，已坐在一棵老柳树下死了。晋文公见状痛哭。据说装殓时有人从树洞里又发现一血书，上写：割肉奉君尽丹心，但愿主公常清明。

为纪念介子推，晋文公下令，将这一天定为寒食节，家家禁烟，以寄哀思，这就是"四海同寒食，千秋为一人"。

第二年文公率众臣登山祭奠，发现老柳死而复活，便赐老柳为清明柳，并晓谕天下把寒食节的后一天定为清明节。

## 《感恩的心》，催人泪下

手语歌《感恩的心》已成为一首为人们广泛传唱的歌曲，这首歌的创作来自下面这个真实的故事。

有一个天生失语的小女孩，爸爸在她很小的时候就去世了。她和妈妈相依为命。妈妈每天很早就出去工作，直到很晚才回来。每到日落时分，小女孩就站在家门口，充满期待地望着门前的那条路，等着妈妈回家。妈妈回来的时候是她一天中最快乐的时刻，因为妈妈每天都要给她带回一块充饥的年糕。

有一天，下着很大的雨，已经过了晚饭时间，妈妈却还没有回来。小女孩站在家门口望啊望，总也等不到那熟悉的身影。天，越来越黑；雨，越下越大，小女孩决定顺着妈妈每天回来的路去找妈妈。她走啊走，走了很远，终于在路边看见了倒在地上的妈妈。她跑上前去，使劲摇晃着妈妈的身体，可妈妈却没有回答她。她以为妈妈太累，睡着了，就把妈妈的头枕在自己的腿上，想让妈妈睡得舒服一点。这时她发现，妈妈的眼睛没有闭上！小女孩突然明白：妈妈可能已经死了！她感到十分恐惧，拉过妈妈的手，使劲摇晃，却发现妈妈的手里还紧紧地攥着一块年糕……她拼命地哭着，却发不出一点声音。

雨一直在下，小女孩也不知哭了多久。她知道妈妈再也不会醒来，现在就只剩下她自己了。妈妈的眼睛为什么不闭上？是因为不放心她吗？她突然明白了自己该怎样做。于是擦干眼泪，决定用自己的语言来告诉妈妈她一定会好好地活着，让妈妈放心。小女孩就在雨中一遍一遍用手语唱着《感恩的心》，泪水和雨水混在一起，从她小小的却写满坚强的脸上流淌下来。就这样，小女孩站在雨中，不停歇地唱着，一直到妈妈闭上了眼睛……

感恩之心，幸福之源

人们每次读到这个凄婉动人的故事，每次唱着《感恩的心》这首感人肺腑的歌曲，都会深受感动泪流满面，它不仅可以消解人们内心的积怨，而且可以涤荡世间的尘埃；它不仅激发人们思考，更加催人奋进向上。

英国作家萨克雷说："生活就是一面镜子，你笑，它也笑；你哭，它也哭。"面对人生，每个人都需要有一颗感恩之心。

## 一碗汤面的故事

不要忽视自己对周围环境的影响力，无论什么时候都要心存善念，也许你那发自内心的真诚的关怀，表面看微不足道，却能给别人带来无限的光明。与此同时，你会发现，在帮助别人的同时也帮助了自己。

这是一个真实的故事。

这个故事发生在日本札幌街上一家叫"北海亭"的面馆里。除夕夜吃荞面条过年是日本人的传统习俗，因此到了这一天，面馆的生意特别好，一直会持续到晚上十点左右。

除夕夜，当最后一个客人走出面馆，老板娘正打算关店的时候，店门再一次轻轻地被拉开，一个女人带着两个小男孩走了进来，两个孩子大约一个六岁，一个十岁，穿着全新的一模一样的运动服，那女人却穿着过时的格子旧大衣。

"请坐！"听老板这么招呼，那个女人怯怯地说："可不可以……来一碗……汤面？"背后的两个孩子不安地对望了一眼。

"当然……当然可以，请这边坐！"

老板娘带着他们走到最靠边的二号桌子，然后向厨台那边大声喊着："一碗汤面！"一人份只有一团面，老板多丢了半团面，煮了满满一大碗，老板娘和客人都不知道。

母子三人围着一碗汤面吃得津津有味……

每天忙着忙着，不知不觉很快又过了一年。又到了除夕这一天，过了十点，老板娘走向店门前，正想将门拉下的时候，店门又再度轻轻地被拉开，走进来了一位中年妇人，带着两个小孩。

老板娘看到那件过时的格子旧大衣，马上想起一年前除夕夜最后的客人。

"可以不可以……给我们煮碗……汤面？"

"当然，当然，请里边坐！"

老板娘一边带他们到去年坐过的二号桌子，一边大声喊："一碗汤面！"

老板一边应声，一边点上刚刚熄掉的炉火。"是的！一碗汤面！"

老板又多丢进半团面条到滚烫的锅子里，不一会儿，盛好一大碗香喷喷的面交给妻子端出去……

第三年除夕夜，北海亭的生意仍然非常好，老板夫妇彼此忙到甚至都没时间讲话，但是过了九点半，两个人都开始有点不安了起来。

十点到了，店员们领了红包回去了，主人急忙将墙壁上的价目表一张一张往里翻，把今年夏天涨价的"汤面一碗二百元"那张价目表，重新写上一百五十元。二号桌上，三十分钟前老板娘就先放上一张"预约席"的卡片。

好像有意等客人都走光了才进来似的，十点半的时候，这母子三人终于又出现了。"请进！请进"老板娘热情招呼着。望着笑脸相迎的老板娘，母亲战战兢兢地说："麻烦……麻烦煮两碗汤面好不好？"

"好的，请这边坐！"

　　老板娘招待他们坐到二号桌，赶快若无其事地将那"预约席"的卡片藏起来，然后向里面喊着："两碗汤面！"

　　"是的！两碗汤面！马上就好了哟！"老板一边应声，一边丢进了三团面进去。

　　母子三人一边谈着话，一边快乐地吃完过年的面，付了三百元，说了声"谢谢！"并且鞠了躬走出面馆。

　　又过了一年。北海亭面馆过了晚上九点，二号桌上又放了一块"预约席"的卡片等待着，但是那母子三人并没出现。

　　第二年、第三年，二号桌仍然空着，母子三人都再没有出现。

　　北海亭的生意越来越好，店内全部都改装过，桌椅都换了新的，只有那张二号桌仍然保留着。

　　"这究竟是怎么一回事？"许多客人都觉得奇怪，这样问。

　　老板娘就讲述关于一碗汤面的故事给大家听，那张旧桌子放在中央，对自己好像也是一种鼓励，而且说不定哪一天，那三个客人还会再来，希望仍然用这张桌子来欢迎他们。

　　那张二号桌变成了"幸福的桌子"，客人一个个传开去，有许多学生好奇，为了看那张桌子，专程从老远的地方跑来吃面，大家都特定要坐那张桌子。

　　又过了很多个除夕。

　　每个人都知道二号桌的由来，大家嘴里什么都不讲，但是心里却想着那"除夕的预约席"今年可能又要空空地迎接新年了。

　　然而，过了十点半，门突然再度被轻轻地拉开。两个青年穿着笔挺的西装，手上拿着大衣走了进来。老板娘正准备说"抱歉，已经客满了"的时候，有一个穿和服的女人走进来，站到两个青年人的中间，慢慢地说："麻烦……麻烦，汤面，三人份可以吗？"

　　老板娘的脸色马上就变了，经过了十几年的岁月，当时年轻母亲和两个小孩的形象，与眼前这三人，她瞬间努力想把画面重叠在一起，厨台后的老板看傻了，手指交互地指着三个人，"你们……你们……"地说不出话来。

其中有一个青年望着不知所措的老板娘说："我们母子三人，曾在十四年前的除夕夜叫了一份汤面，受到那一碗汤面的鼓励，我们母子三人才能坚强地活下来。"

"后来我们搬到滋贺县的外婆家住，我今年已通过医师的鉴定考试，在京都大学医院的小儿科实习，明年四月将要来札幌的综合医院服务。"

"我们礼貌上先来拜访这家医院，顺便去父亲的墓前祭拜，和曾经想当面店大老板未成，现在在京都银行就职的弟弟商量，有一个最奢侈的计划……就是今年除夕，母子三人要来拜访札幌的北海亭，吃三人份的北海亭汤面。"

一边听一边微微点头的老板夫妇，眼眶里溢满泪水。坐在门口的菜店老板，把嘴里含着的一口面用力"咯"一声整口吞了下去，然后站起来说："喂、喂、老板，怎么啦？准备了十年一直等待这一天来临，那个除夕十点过后的预约席呢？赶快招待他们啊！快呀！"老板娘终于恢复神志，拍了一下菜店老板的肩膀，说："欢迎，请。喂！二号桌三碗汤面"那个傻愣愣的老板擦了一下眼泪，应声说："是的，汤面三碗！"

## 善恶有报，感恩无价

100多年前的某天下午，在英国一个乡村的田野里，一位贫困的农民正在劳作。忽然，他听到远处传来了呼救的声音，原来，一名少年不幸落水了。农民不假思索，奋不顾身地跳入水中救人。孩子得救了。后来，大家才知道，这个获救的孩子是一个贵族公子。

　　几天后，老贵族亲自带着礼物登门感谢，农民却拒绝了这份厚礼。在他看来，当时救人只是出于自己的良心，并不能因为对方出身高贵就贪恋别人的财物。

　　故事到这儿并没有结束。老贵族因为敬佩农民的善良与高尚，感念他的恩德，于是，决定资助农民的儿子到伦敦去接受高等教育。农民接受了这份馈赠，能让自己的孩子受到良好的教育是他多年来的梦想。农民很快乐，因为他的儿子终于有了走进外面世界、改变自己命运的机会；老贵族也很快乐，因为他终于为自己的恩人完成了梦想。

　　多年后，农民的儿子从伦敦圣玛丽医学院毕业了，他品学兼优，后来被英国皇家授勋封爵，并获得 1945 年的诺贝尔医学奖。他就是亚历山大·弗莱明——青霉素的发明者。那名贵族公子也长大了，在第二次世界大战期间患上了严重的肺炎，但幸运的是，依靠青霉素，他很快就痊愈了。这名贵族公子就是后来出任英国首相的丘吉尔。

　　农民与贵族，都在别人需要帮助的时候伸出了援手，却为他们自己的后代甚至国家播下了善种。人的一生往往会发生很多不可思议的事情，有时候，我们帮助别人或感恩别人，却可能冥冥之中有轮回。


　　美国凯斯西储大学生命伦理学教授史蒂芬·波斯特和作家吉尔·奈马克从现代科学和医学上对"善恶有报"，即付出与回报之间的关系进行了深度的研究。

　　研究人员通过详细测量表，对乐于付出的人进行长期跟踪测量，并进行物理统计和生理分析得出结论：

　　"宅心仁厚，乐善好施"的人，其心理和身体健康具有正面影响，社会能力及其情绪全面提升，哪怕是一个微笑，一个友好的表情都会引起唾液中免疫球蛋白浓度的增加。

在综合了 40 多所美国大学 100 多项研究成果后显示的数据：付出与回报存在着神奇的能量转换，即一个人的付出，随即会获得返还，只是你自己浑然不知。

医学研究同时对这一现象提供了科学依据：当人心怀善念，积极思考时，体内会分泌出令细胞健康的神经传导物质，免疫细胞表现活跃，人就不易生病。相反，心存恶念，负面思考时，则走向相反的神经系统，身体功能的正常循环被破坏，免疫力明显下降。

美国有份杂志发表过一份题为《坏心情产生毒素的研究报告》称：人的恶念会在血液中产生一种毒素。当人在正常心态下向一个冰水杯中吐气时，凝附着的是一种无色透明物质，而当处在怨恨、暴怒、恐怖、嫉妒心情时，凝附的物体会显现出不同的颜色，通过化学分析得知，这是人的体内产生的毒素。

衔环结草，以报恩德，是中华民族的传统美德。我们必须记住在成长中激励过我们的人，在困难中帮助过我们的人，在痛苦中理解过我们的人，在困惑时引导过我们的人，常怀感恩，心存感激，这个世间就会充满爱，人间就会一片美好。

## 感恩的三重境界

关于感恩，有三个不同的境界：第一重境界是能够对别人的给予进行回报；第二重境界是能够珍惜自己已经拥有的；第三重境界是愿意不求回报地为他人付出。

### 第一重境界：能够对别人的给予进行回报

中国人强调"吃水不忘挖井人""滴水之恩当涌泉相报"，说的就是这个意思。对别人的给予进行回报,既是对给予者的鼓励,同时也是在不断地提升自己。

所有别人给予你的东西,没有什么是别人一定应该做的,所以,对于所有的"给予",你必须要有回报之心。

网上有一篇文章说,每一个人都要铭记人生十大恩人:

一是天地呵护之恩,二是父母养育之恩,
三是良师培养之恩,四是贵人提携之恩,
五是智者指点之恩,六是危难救急之恩,
七是绿叶烘托之恩,八是夫妻体贴之恩,
九是兄弟手足之恩,十是知己相知之恩。

爱因斯坦在《我的世界观》一文中写道:"我每天上百次地提醒自己,我的精神生活和物质生活都依靠着别人的劳动,我必须尽力来报答他们,我强烈地向往着俭朴的生活,并且时常为自己占用同胞太多的东西而深感愧疚。"

为人类做出如此巨大贡献的伟大科学家,都时刻怀揣感恩之心,着实为我们树立了崇高典范。

### 第二重境界:能够珍惜自己已经拥有的

对于自己已经拥有的东西,你要倍加珍惜,不要等到失去了,才知道自己原来如此"幸福"。

传说有一日,天使在路上遇到一位诗人,诗人年轻、英俊、有才华而且富有,妻子也年轻美貌,善良贤慧,但诗人过得不快乐。

天使问诗人:"你不快乐,我能帮你吗?"

　　诗人对天使说："我什么都有，就是欠缺一样东西，你能给我吗？"

　　天使回答说："可以，你要什么我都可以给你。"

　　诗人直直地望着天使说："我要幸福。"

　　天使想了想说："我明白了。"

　　然后，天使把诗人所拥有的一切都拿走。天使拿走了诗人的才华，毁去他的容貌，夺走他的财富，并使诗人的妻子大病一场，天使做完这些后就离去了。

　　一个月后，天使回到诗人身边，诗人那时已饿得奄奄一息，衣衫褴褛地躺在地上挣扎。于是，天使又把诗人曾经拥有的一切都还给了他。

　　半个月后，天使再去看望诗人。这次诗人搂着他的妻子，不住地向天使道谢，感谢天使让他得到了幸福。

　　珍惜现在，活在当下，不要总是想着自己还没有的东西，这样你就会知足常乐，就不会总是抱怨，牢骚满腹。

　　其实，幸福每时每刻都在我们每一个人的身边，只是我们在拥有的同时，却没有经历过失去的痛苦，所以才觉着幸福遥不可及。

## 第三重境界：愿意不求回报地为他人付出

　　每个人来到这个世界上都是一种缘分，都在相互间结成了一定的关系，都应该因缘行善。真正有感恩之心的人，即使别人对你无恩，也要愿意为他人付出，这是感恩的更高境界。

　　表面看起来，自己好像在不断地"付出"，其实你的任何一次"付出"都有可能产生意想不到的"收获"。正所谓，懂得感恩，才会有"贵人"出现。这个"贵人"看起来好像是"星外来客"，实际上，正是你自己"积善行德"的结果。

以下两个真实的故事正是"因感恩而收获"的典型案例。

## 希尔顿酒店的来历

一个风雨交加的夜晚，一对年老的夫妻走进一间旅馆大厅，他们想要住宿。可房间已经客满了，一间空房也没有剩下。前台侍者看着这对老人疲惫的神情，不忍心让他们深夜再出去另找住宿，于是，将这对老人引领到自己住的房间，说："它也许不是最好的，但是如果你们不介意，就住一个晚上吧。"老人见眼前这间屋子虽然小，但打扫得既整洁又干净，就愉快地住了下来。

第二天，老人到前台结账时，这位侍者却说，不用了，因为那不是客房，不能收钱的。两位老人十分感动。后来得知，由于他们住了这位侍者的房间，他自己在前台熬了一个通宵。

不久，当这位侍者已完全忘记了这件事情时，却接到一封信函，里面是一张去纽约的单程机票，并有简单附言，是那两位老人家寄来的，原来他们是亿万富翁，他们已为侍者买下一座大酒店。附言中说："孩子，你是我们见到过的最好的经营者，我们深信你会经营管理好这座大酒店。"

这就是全球赫赫有名的希尔顿饭店首任总经理希尔顿的传奇故事。

## 一杯鲜奶，已经足够

一位穷苦学生为了付学费挨家挨户推销产品，到了晚上已经饥肠辘辘，可口袋里没有一分钱，犹豫再三，他终于鼓起勇气敲开一户人家的门。开门的是一位年轻美貌的女孩，他顿时失去了勇气，没敢讨点饭吃，只说要一杯水喝。女孩看出了他饥饿的样子，给他端来一杯鲜奶。

若干年后，穷苦学生当了医生。有一天，一位重病女子被送进医院，被他一眼看出就是当年给他端来鲜奶的女孩。他全力抢救，尽心医治，终于使女子病愈。

出院时，账单递到作为主治医生的他手中，他签了字，便送到女子面前，女子不敢打开看，怕从此需要一辈子才能还清这笔昂贵的医疗费用。无奈之中，她目光渐渐移上账单，那一行字是：一杯鲜奶，已经足够！

她顿时眼泪夺眶而出，想到了当年那一幕……

希尔顿的传奇故事告诉我们，人世间充满了许许多多的因缘，每一个因缘都可能将自己推向另一座高峰。美貌女孩和穷苦学生的故事告诉我们，感恩是一种"滴水之恩，涌泉相报"的人格品质和道德修养。如果你能够对每一个人都投以热情，努力付出，那么，我们就是自己生命中最重要的贵人。

## 感恩，行动有方法

### 从说"谢谢"开始

"感恩"首先是自己的内心感受，是发自内心地觉得别人有恩于我。但是，这种感受如果不能够表达出来，不仅别人无法感受到，就连自己也会慢慢将它"消化"掉。

所以，感恩的第一个方法就是从说"谢谢！"开始，要将"感恩"发自内心地说出来。

有个发人深省的故事。

两人同去见上帝，问上天堂的路怎么走。上帝见二人饥渴不堪，就给了他们每人一份食物，一个人感激不尽，一个人无动于衷。之后，上帝让那个说"谢谢"的人上了天堂。

被拒之门外的人不服气："我不就是忘了说声谢谢？"

上帝说："不是忘了，是你没有感恩的心。"

被拒之门外的人继续说："少说一句谢谢，差别也不能这么大呀？"

上帝说："上天堂的路是用感恩的心铺成的，天堂的门只有感恩的心才能打开，而下地狱则不用。"

行动成功国际教育集团销售导师唐朝在《用感恩的心去工作》一书中，讲述了这样一个故事。

张辉是美国奥美广告公司的一名设计师，有一次他被公司总部安排前往德国工作。与美国轻松、自由的工作氛围相比，德国的工作环境显得紧张、严肃并有紧迫感，这让张辉很不适应。

张辉向上司抱怨："这边简直糟透了，我就像一条放在死海里的鱼，连呼吸都很困难！"上司是一位在德国工作多年的美国人，他完全能理解张辉的感受。

"我教你一个简单的方法，每天至少说50遍'我很感激'或者'谢谢你'，记住，要面带微笑，要发自内心。"

张辉抱着试试看的心态，一开始觉得很别扭，要知道，"刻意地发自内心"可不是件容易的事情。可是几天下来，张辉觉得周围的同事似乎友善了许多，而且自己在说"谢谢你"的时候也越来越自然，因为感激已经像种子一样在他心里悄悄发芽生根。

渐渐地，张辉发现周围的环境并不像自己想象中的那样糟糕。

再到后来，张辉发现在德国工作是一件既能磨炼人又让人感到愉快的事情，是感恩的态度改变了这一切！

"谢谢你！"

"我很感激！"

……

当你微笑而真诚地说出这些话时，感恩的种子已经在你自己和别人的心里种下了，这是比任何物质奖励都宝贵的礼物！

在一个闹饥荒的城市，一个家境殷实而且心地善良的面包师把城里最穷的几十个孩子聚集到一块，然后拿出一个盛有面包的篮子，对他们说："这个篮子里的面包你们一人一个。在上帝带来好光景以前，你们每一天都能够来拿一个面包。"

瞬间，这些饥饿的孩子一窝蜂一样涌了上来，他们围着篮子推来挤去大声叫嚷着，谁都想拿到最大的面包。当他们每人都拿到了面包后，竟然没有一个人向这位好心的面包师说声多谢，就走了。

但是，有一个叫依娃的小女孩却例外，她既没有同大家一起吵闹，也没有与其他人争抢。她只是谦让地站在一步以外，等别的孩子都拿到以后，才把剩在篮子里最小的一个面包拿起来。她并没有急于离去，她向面包师表示了感谢，并亲吻了面包师的手之后才离开。

第二天，面包师又把盛面包的篮子放到了孩子们的面前，其他孩子依旧如昨日一样疯抢着，羞怯、可怜的依娃只得到一个比头一天还小一半的面包。当她回家以后，母亲切开面包，许多崭新、发亮的银币掉了出来。

母亲惊奇地叫道："立即把钱送回去，一定是揉面的时候不留意揉进去的。赶快去，依娃，赶快去！"当依娃把母亲的话告诉面包师的时候，面包师面露慈爱地说："不，我的孩子，这没有错。是我把银币放进小面包里的，我要奖励你，愿你永远持有此刻这样一颗平安、感恩的心。回家去吧，告诉你母亲这些钱是你的了。"她激动地跑回了家，告诉了母亲这个令人兴奋的消息，这是她的感恩之心得到的回报。

感恩，从说"谢谢"开始

## 学"写"《感恩日记》

写《感恩日记》是更进一步的感恩方法，就是将过去已经发生的、让你觉得值得感恩的事情记录下来，从而让自己经常保持在"感恩"的状态下，感谢今天的生活，感谢你拥有的一切。

研究发现，那些心存感恩的人通常都会比较幸福，他们的精力更加充沛，大多数人都对未来充满了希望。他们乐于助人，富有同情心，积极乐观。自然地，他们一般都不会思虑过度，患上抑郁症的可能性也非常小，多数人更容易健康长寿。

研究人员将研究对象分成两个组进行试验：

在第一组人员中，要求他们连续 10 周、每周记录 5 件让他们心怀感恩的事；

在第二组人员中，要求他们连续 10 周、每周记录 5 件让他们心生烦恼的事。

实验结果：

第一组受试者往往更加乐观，对生活的满意度也更高，甚至变得更健康了；

第二组受试者幸福感不但没有提升，反而变得更焦虑，出现更多负面情绪。

美国宾夕法尼亚大学的心理学教授马丁·塞利格曼曾做过另一项研究：

他向一组重度抑郁症患者（根据抑郁评估表的分数，他们最初都属于重度抑郁症患者）传授了一个提升幸福感的方法。这些人的症状非常严重，有的人甚至连起床都有困难。

在这个方法中，他们需要每天回忆并记录当天发生的 3 件美好的事情。例如，"罗莎琳德打来电话问好"，"医生推荐给我的书，我已经读了一章"，或者"今天下午终于出太阳了"。

仅仅 15 天后，他们的抑郁症就从"重度抑郁"转变为"轻微或中度抑郁"。在这些人当中，有 94% 的人的抑郁症状得到了缓解。

所以，要想获得更多的幸福，其实非常简单，就是学会写《感恩日记》。

如果你喜欢并擅长写作，那么，写《感恩日记》是一个非常有效的方法。你每天或每周抽出一些时间，静静地回顾自己的生活，认真思考3～5件你认为值得感恩的事，把它们记录下来，你会获得意想不到的幸福感。

这些事既可以是"大事"，也可以是"小事"；既可以是关于自己的，也可以是关于别人的。但是，你一定不要忘记你身边的人——特别是那些关心照顾你的人，为你奉献甚至为你做出牺牲的人，以及所有与你生命相关的人。

由于每个人的具体情况不同，不同的人可能需要个性化的感恩记录时间表：有的人适合每天，有的人适合每两天，有的人适合每周3次，有的人适合每周一次，有的人甚至每月记录两次就够了。一定要确定一个适合自己的记录频率，不要让自己觉得是"被迫"在做，否则很难持续下去。

当然，如果你不想单纯地用文字表达，也可以运用其他方式，例如，你可以用各种艺术形式（如照片、拼贴画等）进行表达。不断地变换表达方式，有助于让感恩行动变得更有意义，更加丰富多彩，更容易持续进行下去。

如果你不会用笔写，或者你不想"写"出来，你也可以在心里"写"。最好选择一个相对固定的时间，定期认真思考值得你感恩的人或物，想想你为什么对此心存感恩。

有位104岁的老太太耳聪目明，老而弥坚。有人向她请教长寿秘诀，老太太笑了："我有一帖灵丹妙药，那就是每天花三分钟时间感恩。"她说，花一分钟感恩父母、丈夫、儿女、邻居和陌生人；一分钟感恩大自然给予的种种关怀和体贴；一分钟感恩每一个祥和、温暖和快乐的日子。

感恩使她心里永远流淌着幸福的泉水，有这样的"神水"滋养，身体自然健康，生命自然长久。

## 直接行动

从某种意义上讲，说"谢谢"或者学"写"《感恩日记》，都是对已经发生事情的总结。比事后总结可能更有效的感恩方法是，面向现在的感恩行动。如果有可能，最好能够让感恩变成"直接行动"，这样你会有更深刻的体会和感受。而且，如果你一直保持在"行动"状态，你将能够收获更大的幸福感。

## 用行动感恩母亲

一个学业优秀的年轻人去一家大公司申请一个管理职位。他通过了第一次面试，主管进行最后面试，然后做最终决定。主管从简历中发现，这个青年的学业成绩一直非常优秀，从中学直到研究生研究课题，从来没有一年学习成绩不好的时候。

主管问："你在学校获得过奖学金吗？"

青年回答说："没有。"

主管问："是你父亲为你付学费吗？"

青年说："我一岁时父亲就过世了，母亲替我付学费。"

主管问："你母亲在哪里工作？"

青年说："我母亲是洗衣工。"

主管要求青年伸出他的手，青年伸出一双既光滑又柔嫩的手。

主管问："你有没有帮助你母亲洗过衣服？"

青年回答说："从来没有，我母亲总是要我好好学习，多读书。另外，我母亲洗衣服比我快。"

主管说："我有一个请求。今天你回去后，给你母亲洗洗手，然后明天早上来见我。"

青年觉得自己有机会得到这份工作，他一回去就很高兴地要求给母亲洗手。母亲觉得奇怪，怀着一种复杂的心情，她向孩子伸出了自己的手。

青年为母亲洗手，洗着洗着，热泪盈眶。

这是他第一次注意到母亲的手上是那么粗糙，而且伤痕累累。有些伤痕一沾水就疼痛万分，母亲忍不住颤抖。

青年第一次意识到：就是这双手，每天洗衣供他上学。母亲手上的伤痕就是母亲为他学业优异和他更美好的未来所付出的代价。

洗完母亲的双手后，青年悄悄地为母亲洗干净所有剩下的衣服。

那天晚上，母亲和儿子谈了很长时间。

第二天早晨，青年走进主管办公室。

主管问道："能告诉我你昨天在家里都做了些什么，知道了些什么吗？"

青年回答说："我为母亲洗了手，还洗完所有剩下的衣服。"

主管问："请告诉我你的感受。"

青年说："我现在知道了什么是感恩，没有母亲就没有今天的我。"

主管说："这就是我要找的经理应具备的品质。我想招聘一个能感恩他人帮助的人，一个体恤他人为完成一件事同样付出艰辛劳动的人，一个不把金钱作为其唯一人生目标的人。你被录用了。"

后来，这个年轻人工作非常努力，并得到了他下属的尊重。他带领的每一位员工都在努力工作……

上面这位青年，通过感恩的行动，他对感恩有了深刻的认知，并将其转化为进一步的行动，不仅大大提升了自己的幸福感，而且为他人、为公司带来了更大的价值。

下面这个木匠的故事作为反面教材，从另一面说明，如果不能将"感恩之心"通过行动体现出来，将会造成人生的缺憾。

有个老木匠干了很多年木工活。有一天，他觉得自己已经干够了，就向老板递交了辞呈，准备离开建筑业，回家与妻子儿女享受天伦之乐。

老板舍不得老木匠离开，问他能否帮忙建最后一座房子，老木匠欣然允诺。

但是，老木匠一心想着回去，他的心已不在工作上了，他用的是废料，出的是粗活。等到房子竣工的时候，老板亲手把大门的钥匙递给他，说道："这是你的房子，是我送给你的礼物。这么多年你辛苦了！"

老木匠听后震惊得目瞪口呆，羞愧得无地自容。

老木匠在行将离开时，失去了感恩之心，更没有表现出具体的感恩行动，结果造成了双方都不愿意看到的尴尬局面。如果他早知道是在给自己建房子，怎么会这样漫不经心、敷衍了事呢？

## 实战演练：让感恩"行动"起来

感恩，不仅体现在思维层面，更应该重在感恩"行动"之中。通过有效的"行动"，将帮助你在进一步理解"感恩"的基础上大大提升幸福感。

## 演练之一：学会"写"《感恩日记》

### 第一步　确认一个适合自己的记录频率

根据你自己的实际情况，可以选择每天、每两天、每周或者其他时间周期。正常情况下，第一周推荐每天一次或 2~3 次，从第二周开始选用每周一次，让自己保持在"无压力状态"下。

### 第二步　开始写《感恩日记》

请将你认为值得感恩的事情记录下来，每次记录 3~5 件：

_____

_____

_____

### 第三步　进行对比

（1）对比写《感恩日记》之前，你的幸福感是否有所提升？

（2）对比刚开始写《感恩日记》和写一段时间（如一个月）之后，你的幸福感是否有变化？

（3）总结一下，如何写《感恩日记》（包括频率选择、内容选择和表现方式）更能够适合自己的情况。

## 演练之二：从感谢"身边人"开始

### 第一步　请认真阅读下面的故事

#### 太阳和月亮哪个比较重要？

有一天，有人问一位老先生，太阳和月亮哪个比较重要。

那位老先生想了半天，回答道："是月亮，月亮比较重要。"

"为什么？"

"因为月亮是在夜晚发光，那是我们最需要光亮的时候，而白天已经够亮了，太阳却在那时候照耀。"

你或许会笑这位老先生糊涂，但你不觉得很多人也是这样吗？

每天照顾你的人，你从不觉得有什么，若是陌生人偶尔帮助你，你就认为他人好；你的父母家人一直为你付出，你总觉得理所当然，甚至有时候还嫌烦，一旦外人为你做出了类似行为，你就会分外感激。

这不是跟"感激月亮，否定太阳"一样糊涂吗？

有个女孩跟妈妈大吵了一架，气得夺门而出，决定再也不要回到这个讨厌的家了！一整天她都在外面闲逛，肚子饿得咕噜咕噜叫，偏偏又没带钱出来，可又拉不下脸回家吃饭。

一直到了晚上，她来到一家面摊旁，闻到了阵阵香味。她真是好想吃一碗面，但身上又没带钱，只能不住地吞口水。

忽然，面摊老板亲切地问："小姑娘，你要不要吃面啊？"她不好意思地回答："嗯！可是，我没有带钱。"老板听了大笑："哈哈，没关系，今天就算我请客吧！"

女孩简直不敢相信自己的耳朵，她坐了下来。不一会儿，面来了，她吃得津津有味，并说："老板，你人真好！"

老板说："哦？怎么说？"女孩回答："我们素不相识，你却对我那么好，不像我妈，根本不了解我的需要和想法，真气人！"

老板又笑了："哈哈，小姑娘，我不过才给你一碗面而已，你就这么感激我，那么你妈妈帮你煮了二十几年的饭，你不是更应该感激她吗？"

听老板这么一讲，女孩顿时如大梦初醒，眼泪瞬间夺眶而出！她顾不得吃剩下的半碗面，立刻飞奔回家。

才到家门前的巷口，女孩就远远地看到妈妈，正焦急地在门口四处张望，她的心立刻揪在一起！女孩感觉有一千遍一万遍的对不起想对妈妈说。但她还没来得及开口，就见妈妈已迎上前来："哎呀！你一整天跑去哪里了啊？急死我了！快进家把手洗一洗，吃晚饭了。"

这天晚上，这个女孩才深刻体会到妈妈对她的爱。

当太阳一直都在，人就忘了它给的光亮；当亲人一直都在，人就会忘了他们给的温暖。一个被照顾得无微不至的人反而不会去感恩，因为他认为，白天已经够亮了，太阳是多余的。


**第二步　列名单**

想想看，谁像太阳一样"照亮"你，将他们的名单列出来：

_____

_____

_____


**第三步　表示感谢**

从以上名单中选择 2~3 位自己的"身边人"，由衷地向他们表示感谢。

想想看，会出现什么奇迹？


### 演练之三：感恩你拥有的工作

**第一步　请认真阅读下面的故事**

#### 一个老乞丐的三个愿望

耶路撒冷圣地有一个又老又脏的乞丐，天天站在路旁乞讨，有一顿没一顿的，日子过得穷苦不堪，但是他每天早上仍虔诚地祷告，希望奇迹能降临到自己身上。

一天，当他祈祷完毕，抬头一看，竟然有位全身发光的天使站在眼前。

天使告诉乞丐，上帝可以实现他的 3 个愿望。

老乞丐心中大喜，毫不迟疑地许下了他的第一个愿望：要变成一个有钱人。刹那间，他就置身于一座豪华的大宅院中，身边有无数的金银财宝，终其一生也享用不尽。

老乞丐马上又向天使许下第二个愿望：希望自己能年轻 40 岁。果然，一阵轻烟过后，老乞丐变成了 20 岁的年轻小伙子。这时，他兴奋到了极点，不假思索地说出了第三个愿望：一辈子不需要工作。

天使点了点头，他立刻又变回了路旁那个又老又脏的乞丐了。乞丐不解地问："这是为什么？这个愿望说出来之后，我为何变得一无所有了呢？"

一个声音从天际传来：

"工作是上帝给你最大的祝福。想一想，如果你什么都不做，整天无所事事，那是多么可怕的一件事！只有投入工作，你才能变得富有，才有生命的活力。现在你把上帝给你的最大的恩赐扔掉了，当然就一无所有了！"

**第二步　想一想，这个故事对你的最大启发是什么？**

_____

_____

_____

_____

**第三步　感恩你拥有的工作**

对工作进行感激，能带来更多值得感激的事情。努力工作一定会给你带来更多更好的工作机会和成功机会。

工作是上苍给人类最大的祝福，因为工作中隐藏着无数成功的机会，也体现着个人价值，更能让你就此远离空虚和无聊。

# 第四章　人际亲密，幸福之基

美国著名的社会学家和成功学家卡耐基说过，一个人事业的成功只有15%是依赖于他的专业知识和技能，而85%则是由他的人际关系及处世能力所决定。人际关系的重要意义不言而喻。

人作为一个群体动物，需要具有良好的人际关系，包括家庭关系、工作关系及各种社会关系等。对于一个人的幸福来说，构建和维持好人际关系是无价之宝，可以大大提升自己的幸福力水平。

## 亲密关系，无价之宝

现代人都是工作在小环境，生活在大社会。大社会决定心态，小环境决定心情。心理学家通过广泛的调查和研究发现，幸福的环境条件首先就是拥有良好的家庭关系和社会关系，尤其是亲子关系、夫妻关系、亲密朋友关系等关键的人际关系，这些是人生幸福非常重要的因素。

### 哈佛大学的研究：什么样的人最幸福

1938 年，哈佛大学开展了一次历史上对成人发展研究历时最长的研究项目，共持续了 70 多年。在此期间，他们跟踪记录了 724 位男性，从少年到老年，年复一年地询问和记载他们的工作、生活和健康状况等。

这项研究选择从两大群背景迥异的美国波士顿居民开始。

第一组研究人员从当年哈佛大学本科生中选出了 268 名高才生，他们当年才大二，后来全都经历了第二次世界大战，并且大部分人都参军作战了。

与此同时，哈佛法学院的教授从波士顿贫民区选出了 456 名家庭贫困的小男孩，他们来自 20 世纪 30 年代波士顿最困难最贫穷的家庭，大部分住在廉价公寓里，很多人家里甚至连热水供应也没有。

最终这两组研究合二为一。这些年轻人都接受了面试，并接受了身体检查。研究人员挨家挨户走访了他们的父母。

这批人可谓"史上被研究得最透彻的一群小白鼠"，他们经历了"二战"、经济萧条、经济复苏、金融海啸，他们结婚、离婚、升职、当选、失败、东山再起、一蹶不振，有人顺利退休安度晚年，有人自毁健康早早夭亡。

在 76 年的时间里，这些年轻人长大成人，进入社会各个阶层，成为工人、律师、砖匠、医生。有人成为酒鬼，有人患了精神分裂；有人从社会最底层一路青云直上，也有人恰恰相反，掉落云端。

这些人里包括四位美国参议院议员，有一位内阁成员，还有一位后来成了美国总统，就是大名鼎鼎的约翰·肯尼迪。

那么，这七十几年来、几十万页的访谈资料与医疗记录，究竟带给我们什么样的研究结果与启发？到底什么样的人生是我们想要的？如何才能健康幸福地生活？研究表明：好的社会关系能让我们过得开心和幸福。

好的社会关系到底是什么意思呢？具体来说包括以下内容。

### ◎ 孤独寂寞有害健康

研究发现，那些跟家庭成员更亲近的人、更爱与朋友邻居交往的人，会比那些不善交际离群索居的人更快乐、更健康、更长寿。

孤独不是可耻的，而是有害健康的。那些"被孤立"的人，等他们人到中年时，健康状况和大脑功能都下降得更快，也没那么长寿。

### ◎ 关系的质量要比数量更重要

不是说结了婚你就不孤独了。即你身在人群中，甚至已经结了婚，你还是可能感到孤独。

朋友的数量、结婚与否，都不是真正的决定因素，整天吵吵闹闹的关系对健康是有害的。成天吵架、没有爱的婚姻，对健康的影响或许比离婚还大。不必在意朋友的数量，而应关注自己人际关系的满意程度。

良好和亲密的婚姻关系能减缓衰老带来的痛苦。参与者中那些最幸福的夫妻告诉我们，在他们 80 多岁时，哪怕身体出现各种毛病，他们依旧觉得日子很幸福。而那些婚姻不快乐的人，身体上会出现更多不适，因为坏情绪把身体的痛苦放大了。

### ◎ 好的人际关系可以保护人的大脑

幸福的婚姻不单能保护我们的身体，还能保护我们的大脑。如果在 80 多岁时，你的婚姻生活还温暖和睦，你对自己的另一半依然信任有加，知道对方在关键时刻能指望得上，那么你的记忆力都不容易衰退。

而反过来，那些觉得无法信任自己另一半的人，记忆力会更早表现出衰退。幸福的婚姻，并不意味着从不拌嘴。有些夫妻，八九十岁了，还天天斗嘴，但只要他们坚信，在关键时刻，对方能靠得住，那这些争吵顶多只是生活的调味剂。

既然和睦的关系对健康是有利的，那为什么我们总是办不到呢？

罗伯特·瓦尔丁格教授说，在他们研究的一开始，不管贫富，年轻人都坚信名望、财富和成就是他们过上好日子的保证，而回顾他们的一生，才发现并非如此。

## 亲密关系，一种稀缺资源

牛津大学人类学家罗宾·邓巴提出著名的"社会脑假说"。假说认为，灵长类动物的演化过程是在一个相对稳定的种群中彼此协助，其中人类个体必须在个体之间建立社交关系，而负责处理思维的大脑新皮质在整个大脑中所占比例越大，处理人际关系的能力越强。邓巴的研究结果是：人类种群大小是148，这就是著名的"邓巴数"。在一万多年前的新石器时代，一个部落的平均人数约150人，2008年互联网曾统计用户平均朋友数，结果为130人，这为"邓巴数"的准确度提供了依据。

在现代社会所有投资中，感情投资是投资最少回报最高的一种，而感情投资又主要是投资在人际关系上。同时也有大量研究表明，亲密的人际关系属于稀缺资源，一个人拥有亲密的人际关系并非易事。

有研究发现，在一般情况下，人一生交往的不同关系人数呈现出如下分布特征，即：10人、30人、60人。意思是说，在遇到危难的时候，能借钱给你的人不超过10人，还包括你的父母和亲人；经常打交道，能够帮点忙的人不超过30人，还包括前面的10人在内；再外围的就是熟人，见面或打电话时能记得起来、想得起来的不超过60人，包括前面的30人。

一个人的人际关系按照人脉距离的远近通常可以分为三个层次：

第一层次是为达成近期目标（或为办成一事）而交际，过眼即忘，用完则弃，是离我们最远的；

第二层次是以广结善缘为目的进行交际，旨在"养兵千日，用兵一时"，离我们相对较近；

第三层次是亲密交际层，离我们最近。大家非常熟悉，知根知底，礼尚往来，相互关照。

根据这种层次的划分，还有一种说法：在认识的人中，80%是泛泛之交，如邻居二嫂、楼下大爷，只是见面打个招呼；15%是对你有一定影响的人，比如老师、同事、同学等；只有5%是重要人脉，他们可以帮助你，特别是在关键时刻出现，并助你一臂之力。

## 亲密关系，幸福的重要元素

曾经有一项调查，针对10个国家的3000名身处职业生涯上层的人士，这些人大多认为自己的生活是幸福的。调查中询问他们生活幸福的决定因素是什么，结果第一位是拥有幸福的家庭（96%）；第二位是真正的朋友（95%）；第三位是自由时光（93%）；第四位是有道德、有尊严的生活（91%）。很明显，人际关系是让人感到生活满意的主要因素。

一项最新研究显示，金钱不能买到你想要的美好生活，因为人们生活中所真正企盼的（无论是爱情、亲情、友情等）都是无价的，是不经过市场流通的。但是，亲密的人际关系却能帮你实现这个目标。

参与这项研究的男女被要求把自己设想成85岁即将离开人世的老年人，然后列出他们认为对美好生活具有重要意义的30件事。研究负责人、澳大利亚墨尔本市莫纳什大学心理学讲师格雷戈里·波恩博士表示："我们要求参与者设想他们拥有一个完整的人生，然后

回过头来思考，说出什么是重要的，什么是不重要的。我们的研究
为亲密且持久的人际关系被看作生活满意度最重要因素提供了令人
信服的证据。"

　　研究人员还发现，美好生活所需的主要因素在他们研究的每个族
群和文明中都是一样的。他们说："对所有研究组而言，以令人满意的
方法与他人建立亲密关系，是营造令人满意的美好生活的关键。"

　　人际关系是指人与人之间的关系。人在社会中不是孤立的，人
的存在是各种关系发生作用的结果，即是通过和别人发生关系而发
展自己，实现自我价值。同时，人的许多需要也都是在人际交往中
得到满足的。如果人际关系不顺利，就意味着心理需要被剥夺，或
满足需要的愿望受挫折，从而产生孤立无援或被社会抛弃的感觉，
反之则会因有良好的人际关系而得到心理上的满足。

　　亲密人际关系的作用有如下三点。

　　一是在亲密关系中我们可以获得了解、关心、互动、信任等心
理需求和归属感的满足，而且在亲密的人际圈子里，可以有更多的
"自我暴露"而无任何顾忌，这是普通的人际关系所无法替代的。

　　二是拥有亲密人际关系的人更容易保持心理健康。

　　研究表明，心理上的疾病往往是由紧张所引起的，而社会支持
可减少或防止心理紧张所造成的心理伤害，在绝大多数场合里，社
会支持度高的人可以保有一个健康的心理世界。英国哲学家培根说：
良好的人际关系可以将我们的快乐加倍，痛苦减半。

　　三是拥有亲密人际关系的人更容易实现健康长寿。

　　和谐而亲密的人际关系所传递的正能量，有利于身体健康，被
关心、有希望的心理触发，对身体疾病具有明显的康复作用。

　　拥有亲密人际关系的人相对更长寿。有一项针对 3 个长寿社区
的居民进行的研究非常有趣，包括意大利的撒丁岛人、日本冲绳岛

居民以及美国加利福尼亚州罗马林达基督复临派的教友。这项研究显示，这些社区的长寿者都有 5 个共同之处，其中位于前两位的分别是"以家庭为重"和"积极参与社交活动"。

## 六度连接与幸福感提升

美国有一本书叫《大连接》，作者是哈佛大学社会学教授克里斯塔基斯和加州大学教授福勒。

通过大量数据研究和社会实验验证，他们发现，在现实社会中，人与人之间有六度连接和三度影响，并对人们的幸福感有着不同程度的影响。见表 4 - 1 所示。

表 4 - 1　六度连接与三度影响

| 六度连接 | 三度影响 | 幸福感增加 |
| --- | --- | --- |
| 我与亲密朋友 | 一度 | 15% |
| 朋友的朋友 | 二度 | 10% |
| 朋友的朋友的朋友 | 三度 | 6% |

亲密关系，无价之宝

　　这种亲密的人际关系连接，给人的幸福感增加至少6%，一度连接的影响高达15%。相比之下，一个人一年增加10 000美元的薪水，幸福感只能增加2%，可见人际关系对幸福感影响之重要。

## 幸福源于爱

　　家是一个讲爱的地方，不是一个讲理的地方；家需要真诚、理解、包容和忍让；家是心怡的温室、感情的港湾、精神的寄托。一个人能否幸福，家庭的因素起着非常大的作用。爱情甜蜜、婚姻美满、家庭和睦，自然就幸福；相反，如果一个人心里缺少爱，婚姻总是问题不断，家里总是硝烟弥漫，幸福必然会大打折扣，人生任何成功都弥补不了家庭的失败。

**关于幸福的故事**

　　关于幸福的来由，有两个故事，一个是中国的，一个是外国的。中国的故事说：

　　很久很久以前，有一个女孩叫"幸"，由于家门口的地上长满了高高的蒿草，她看不到外面的世界，感到很孤独。而她家的对面也住着一户人家，有一个男孩叫"福"，因为同样的原因，也终日闷闷不乐。终于有一天，他们两人同时产生一个想法——把这些蒿草割掉，去看看外面的世界是什么样子。于是他们各自拎起镰刀开始割草，越割视野越开阔，终于两人相见了，"幸"和"福"在一起，无比地快乐起来。

　　外国的故事说：

　　有个小伙子深爱着一个叫"幸福"的姑娘，但"幸福"姑娘住在很遥远的地方，中间隔着无数大山和江河。小伙子披荆斩棘，翻山越岭，历尽无数艰难险阻。深山里的老人劝阻他说，从前已有很多人去寻找"幸福"都没有能回来，路途险恶丛生，会断送性命的。但小伙子坚定不移，衣服戳破，脚底磨泡，浑身划出一道道血口，仍一路前行，终于经过九九八十一天的长途跋涉找到了"幸福"姑娘。而此时，"幸福"姑娘正在与一个身带20箱金银财宝的富豪举行婚礼。他顿时眼呆了，心碎了，眼泪不住地滴落，流在沾满血迹的脚下，地上立刻开满了鲜花。这时"幸福"姑娘看到了他，不顾一切地冲开人群向他奔跑过来，与他紧紧地相拥在一起。

　　由此看出，幸福是因为爱而产生，爱是幸福之源。人们把幸福作为终极目标，把爱情作为反映人们真实生活的永恒主题，其要义就在这里。人类因为有了爱，生命才有了意义，生活才会更加精彩。

　　世界著名投资家巴菲特在美国一所大学演讲时，有个学生问他："你认为什么样的人生才是真正的成功呢？"巴菲特没有讲财富，而是说："其实，你们到了我这个年纪的时候就会发现，衡量一个人成功的标准，就是有多少人关心你，有多少人爱你。"巴菲特在这里公开了自己深切体会到的一个人生秘密：金钱不会让我们幸福，幸福的关键是我们是否活在一个充满爱的环境里。

## 婚姻的四个等级

　　婚姻就像一块土地，夫妻两人在这里耕耘。有的人感觉甜蜜，有的人感觉酸楚，有的人感觉快乐，有的人感觉痛苦。

　　国学大师张中行在《婚姻》一文中说："世间的一切事物，都可以分等级，婚姻也是这样。以当事者的满意程度为标准，我多年阅世加内省，认为可以将婚姻分为四个等级：可意，可过，可忍，不可忍。"

"可意"，就是相互般配，称心如意。两个人在相貌、人品、职业、家庭、学历、才气、性格、爱好等方面都"可意"。现实生活中，这种"十全十美"的婚姻并不多见。也许婚前"可意"，婚后又"不可意"；有的是婚后开始的时候"可意"，后来因为遇到了"更可意"的而"不可意"。

"可过"，就是虽不十分满意，但可以把日子过下去。这种婚姻状态，在现实生活中也最为普遍。虽有一些"不可意"，不免会嗑嗑碰碰，但日子却过得有滋有味。

"可忍"，就是有矛盾，不满意，但仍处于能够忍受的程度。之所以要忍，可能出于对方仍有改过的余地，或者为了孩子保持婚姻状态，又如暂时还找不到更好的等多种原因，但"忍"本身也成了解决问题的办法之一。

"不可忍"，就是感情已经彻底破裂，这日子没法过了，只有分开才能解脱。

张中行先生进一步总结说：可意的婚姻，是天上的花朵；可过的婚姻，是地上的花朵；可忍的婚姻，是尘埃里的花朵；不可忍的婚姻，是牢狱里的花朵。

很显然，天上的花朵是相互般配、称心如意，这是理想的状态，是应该去追求的目标。地上的花朵是嗑嗑碰碰、有滋有味，这是现实的状态，也是比较普遍的婚姻情况。尘埃里的花朵是吵吵闹闹、不离不散，这种状况在现实中也不少，但需要加以改善。牢狱里的花朵是我们力争避免的。

正因为如此，婚姻需要经营，经营需要方法。我们常常讲婚姻大事，是指婚姻在人的一生中很重要。但是，婚姻生活中有实际经验的人认为，如果我们能够把婚姻生活中一件件的小事做好了，自然就能成就婚姻大事了。

## 百岁夫妻，恩爱典范

婚姻的经营是一门大学问，需要方法和技巧。但是，与各种各样的方法技巧相比，要想获得幸福，"恩爱"二字最为关键。

据媒体报道，在贵州省黔南布依族苗族自治州平塘县通州镇党振村，生活着一对年龄相加已经215岁的夫妻。共同的生活已经让两位老人变得非常默契，他们相互搀扶，不需要更多的言语。他们已被中国老年学会认定为我国目前健在的最长寿夫妻。

丈夫叫杨胜忠，109岁，有一手木工手艺，十里八寨的人都愿意请他造房子和做家具，因为脾气好，村里人都叫他"万年和"。妻子叫金继芬，106岁，是位传统的农村妇女，在家操持家务，养育儿女。

100年来，两位老人在山村里过着日出而作、日落而息的农村生活。老人告诉记者，他们一起生活近90年的时间里，年轻时过日子也拌过嘴，但"从没有生过气"。如今，他们更加在乎对方，"一天也离不开"彼此了。

现在，两位老人之间已经很少用语言交流，而是不时默默地注视着对方。虽然听力和视力逐渐变弱，但几十年的生活已经让两位老人变得非常默契，只需要一个眼神或一个动作，他们就能彼此明白。

杨胜忠很感激妻子，他说："她一辈子都对我好，现在还给我做饭吃。"妻子则说："我16岁的时候就嫁给他，他对我好，我就跟他一辈子。"

现在，老人家里已是五世同堂，子女孝顺，家庭和睦。很多人向这对百岁夫妻询问家庭和睦的秘诀，他们总会用农村人朴实的语言回答说，"要天天干活"，"一家子人要和和气气"，"不管遇到多大的磨难都要放宽心"，"要知足"，等等。

　　夫妻之间要想达到并保持恩爱的程度并非易事，但是，夫妻恩爱给人带来的幸福感是其他方式难以取代的。两位老人的恩爱故事成为夫妻恩爱、家庭幸福的朴素但又经典的"教义"，让一切爱情宣言都显得苍白无力。

幸福，源于爱

## 亲密关系，构建有方法

　　既然亲密人际关系如此重要，又是非常稀缺的资源，那么，积极构建亲密的人际关系便显得非常必要，而且非常有价值。

　　亲密人际关系包括婚姻关系、家庭关系、亲戚关系、朋友关系和同事关系等，虽然构建的方法会有一些差异，但是在总体上，以下方法均可提供借鉴。

## 类似相聚，效应互补

亲密人际关系发展的前提是能够建立起人际关系，在人际关系的建立上，"类似相聚，效应互补"是需要遵循的基本原则。

◎ **类似相聚法**

有一句俗话叫"物以类聚，人以群分"。人和人之间越相似，越亲密。比如出生、地域、爱好、衣着等的类似性，同乡、同学、同事等的类似性，然而更重要的是价值观的类似性，有研究证明，观点冲突会导致感情冲突，西方人高达55%，中国人更是高达77%。

因此，在建立人际关系时，可首先选择与自己类似的人。

◎ **效应互补法**

互补性就是双方在气质上、性格上都各有优缺点，彼此之间可以取长补短，互相满足对方的需要。比如说我们在现实生活之中看到脾气暴躁的人和脾气随和的人会友好相处，独断专行的人和优柔寡断的人能成为好朋友，活泼健谈的人和沉默寡言的人会结成亲密伙伴，这就是互补效应。

具有互补效应的人比较容易变成朋友。

## 彼此麻烦，才有感情

建立亲密人际关系的重要前提是要相互交往，没有交往就没有感情，没有感情就难以成为朋友。而产生交往的一条有效途径就是"彼此麻烦"。

有一篇文章《彼此麻烦，才有感情》①，很值得一读。

---

① 李尚龙：《你所谓的稳定，不过是在浪费生命》，长沙：湖南文艺出版社，2016年版。

## 彼此麻烦，才有感情

我大学读的是军校，军校管理森严，没事不让外出，有事出门都要跟领导请假。

大一那年的一个周末，一个朋友生日，邀请我出去跟他庆祝，我摇头，说出门还要请假，还要麻烦领导，算了。

他问，你和领导关系怎么样？

我说，领导都不认识我，所以更不想麻烦啊。

他告诉我，你傻啊，感情都是麻烦出来的，这刚好是一个增进感情的机会。

我将信将疑，胆怯地拿着请假条去找领导，领导看着假条，盖了章。然后念了一遍请假人的名字：李尚龙。我赶紧回答，是我。

就这样，因为一次"麻烦"，我们认识了。

后来，这位领导成了我很好的朋友，他喜欢英语，我基本上每周都陪他练口语，他也时常借给我书，帮助我。

我曾经写过一句话：等价的交换，才能有等价的感情。所谓等价的交换，其实就是互相麻烦。今天你求我一个事情，记我一个人情，改天你再来还，这样一来一往，连接多了，感情自然好了。

我曾经遇见一个社交达人，他给我讲了自己交友的一个故事：

他做事情的时候特别喜欢麻烦别人，如果别人不答应，下次就还麻烦他，因为他上次没有答应，不知不觉就欠了自己一个小人情，第二次麻烦的时候，成功率就大了很多。

如果别人答应了自己的麻烦，过几天，他就还别人一个更大的人情。这样，两边的"麻烦"不平等，下次就又多了一个麻烦别人的机会。一次次的，两个人的感情也就升华了。

我说，这样交朋友能真心吗？

他说，我问你，你现在的朋友凭什么确定你们是彼此真心的？

我说，因为我们不是为了达成什么目的，而是靠时间的积累升华成现在的感情。

他说，不矛盾啊，因为当你们互相麻烦，其实就间接地给了彼此很多连结，然后赋予彼此相处的时间。时间久了，这感情，谁能规定不是真心的呢？据我所知，你的很多朋友也是一起拍电影时相识相知的，对吗？

我没有办法反驳，因为说得很有道理。

心理学中有一句话：付出才能有感情。就比如女孩子一般都舍不得那个自己为其付出很多的男孩，因为自己付出过，所以分开的时候，就很痛苦。男孩子也是这样。

同理，相互麻烦，才能有付出，彼此麻烦，才能有感情。

感情，都是麻烦来的。不麻烦彼此，也就没有了交流，没有了交流，自然就丢掉了感情。

## 频率共振，保持亲近

人类直立行走后，骨盆变得狭短了，婴儿就比其他动物脆弱很多，长大的时间也要漫长很多，说明需要保护和关爱，这是人的天性。同时，人类为什么比其他动物裸露多，毛发少，说明人更需要接近、抚爱。

所以，人际关系的维护一定要舍得花时间，相互间交往的次数越多，彼此的认识了解就越深，相互喜欢的概率就越高，越容易形成共同的体验、共同的话题和共同的态度。

心理学上有一个"重复效应"，是说交往的频率愈密集，心灵的共振感愈强，人际关系愈亲密。

## 坦诚暴露，平等尊重

自我暴露就是向对方讲心里话，坦诚地暴露自己的内心世界。自我暴露是人际关系建立和发展的必要条件，是信任的基础。当然，自我暴露要由浅到深，由表及里，大体上与人际关系发展的水平重叠，在这一平衡点上去使用。

心理学家认为，有良好自我暴露习惯的人是心理健康的人。一个人如果能向一两个知心朋友讲心里话，进行自我暴露，比起较少进行自我暴露的人具有更好的社会适应能力。

在人际交往中，各方都有一种自我支持倾向，都倾向于保护自己，使自己的价值不被贬低和否认。与此同时，不管双方的社会地位和影响力有多么不同，每个人都希望能够受到平等对待，所以，无论何种人际关系，都必须建立在互相尊重、平等对待的基础之上。

## 和而不同，君子之交

君子之交，属于人际关系中的"高级"阶段，一般人的确难以企及。但是，如果你能够苦心修炼，由此形成的人际关系更是"稀世珍宝"。

君子做人的原则是，我可以不同意你的观点，可以不同意你的看法，但是我尊重你的人格，敬仰你的品德。

古今中外，有不少这样的经典案例，其中北宋司马光和王安石就堪称典范。

王安石从小书读得很好，"名传里巷"，他老成持重，年纪轻轻就不苟言笑，少年得志，官运亨通，执掌朝廷大权，"严己律属"。他除了不爱洗澡，穿衣服相当不讲究外，还经常头发蓬乱就上朝觐见天子，号令文武。按当时的标准，他基本上算是神经病。然而皇帝很欣赏他，尽管王安石是典型的"脏乱差"，却依然"皇恩殊厚"，成为当朝宰相，锐意改革，推行"一条鞭"法，想方设法为大宋收税，充盈国库。

司马光和王安石，性格迥异，又是政敌，两个人你方唱罢我登场，轮流做宰相，相当的不对付。他们两人的政治主张相差十万八千里。在庙堂之上，司马光和王安石是死对头，彼此都认为对方的执政方针荒谬至极，都觉得自己比对方高明，比对方正确，比对方更了解国情。所以在争夺权利的过程中，两人丝毫不客气，用各种手段，向对方痛下杀手。斗争的结果是王安石获胜，司马光从宰相宝座上被赶了下来。

王安石大权在握，皇帝询问他对司马光的看法，王安石大加赞赏，称司马光为"国之栋梁"，对他的人品、能力、文学造诣都给了很高的评价。

正因为如此，虽然司马光失去了皇帝的信任，但是并没有因为大权旁落而陷入悲惨的境地，得以从容地"退江湖之远"，锦衣玉食。

风水轮流转。正所谓三十年河东，三十年河西。愤世嫉俗的王安石强力推行改革，不仅触动了皇亲贵胄的利益，也招致地方官员的强烈不满，朝野一片骂声，逢朝必有弹劾。"曾参岂是杀人者，一日三报慈母惊"。皇帝本来十分信任王安石，怎奈三人成虎，天天听到有人说王安石的不是，终于失去了耐心，将他就地免职，重新任命司马光为宰相。

墙倒众人推，破鼓万人捶。王安石既然已经被罢官，很多言官就跳将出来，向皇帝告他的黑状。一时间诉状如雪，充盈丹樨。皇帝听信谗言，要治王安石的罪，征求司马光的意见。

很多人都以为，王安石害司马光丢了官，现在皇帝要治他的罪，正是落井下石的好时机。然而司马光并不打算做压死骆驼的最后一根稻草。他恳切地告诉皇帝，王安石嫉恶如仇、胸怀坦荡、忠心耿耿，有古君子之风，劝陛下万万不可听信谗言。

皇帝听完司马光对王安石的评价，说了一句话：卿等皆君子也！

## 实战演练：亲密在"行动"

### 演练之一：献出或接受"拥抱"

在一项独特的研究中，宾夕法尼亚州立大学的学生被分成两组。

第一组学生要在连续 4 周的时间里，每天至少拥抱他人 5 次或者接受他人的 5 次拥抱，然后记录下细节。实验要求拥抱必须是面对面的，用双臂拥抱对方，但是，拥抱的时间、所用的力量以及双手的位置则由他们自己决定。另外，这些人不能只拥抱自己的恋人，他们必须和不同的人拥抱。

第二组学生作为控制组，他们只需要在这 4 周内记录自己每天的阅读情况。

研究显示，第一组学生（在整个研究中每个人平均拥抱了 49次）变得更加幸福了，而控制组的学生的幸福感没有发生任何改变。控制组学生只是记录自己每天的阅读情况，他们用于读书的时间并不少，平均每天 1.6 小时。

由此可见，拥抱是提升幸福感，保持身体健康，促进与他人交流，加强亲密关系非常有效的方法。

也许你在开始"拥抱"时很不自在，但是当你适应之后，你会发现拥抱不仅可以提升幸福感，而且可以缓解压力，接近你与某个人之间的距离，甚至会减轻疼痛。

请立即开始给你的朋友一个拥抱！

当然，如果你实在无法适应，也可以从自己的恋人、家人、伙伴开始……

### 演练之二：表达你的赞赏和感激

研究者在对婚姻进行长达 20 年的研究后，得出很多重要的结论，其中一个就是：在幸福的婚姻中，夫妻之间出现积极情绪和消极情绪的比例是 5:1。这意味着每一个消极的观点和行为（如批评、抱怨、指责等），都至少伴有 5 个积极的观点和行为。

这项研究不仅适用于改善夫妻关系，同样适用于改善亲朋好友和同事之间的关系。

下面请开始这样的演练。

**第一步　选择一个特定的对象进行反思**

你可以选择一个具体对象（可以是夫妻，也可以是朋友等），然后回忆，在你们相处的过程中，积极情绪和消极情绪的比例大概是多少。

你可以以一个月、一周为时间单元，列举发生过的积极事件和消极事件，然后大致计算出比例。

**第二步　请根据你自身和对方的特点，制订一个"赞赏和感激"计划**

你可以采取各种不同的方式构思你的"赞赏和感激"计划，例如，你可能通过语言赞美，也可以通过其他的行为和方式来表达。

一位婚姻专家曾说："做家务时，一个自然的亲吻会带来意想不到的效果。"

**第三步　实施"赞赏和感激"计划，并记录下实施的效果**

## 演练之三：争取社会支持

绝大多数人的生活都离不开人与人之间的交往，如果你能够获得社会支持，任何改变都会变得容易起来。

《幸福有方法》一书介绍了一项令人印象深刻的研究：

该研究调查了人们在减肥时，社会支持能够给予他们多大的帮助。参与者进行了为期四个月的减肥计划（包括节食、运动、改变一些行为习惯等）。在减肥的过程中，参与者可以单独一个人进行，也可以和熟人、朋友或者家人一起进行。

结果表明，在独自执行减肥计划的人中，有76%的人完成了计划，有24%的人在整整6个月的时间里保持住了他们的减肥效果。相比较而言，那些和他人一起进行减肥计划的人中，有95%的人完成了计划，有66%的人完全没有反弹。

很显然，那些拥有社会支持的人减去了更多的体重，保持减肥效果的时间也更长。

如果你认同以上研究，请进行以下演练。

**第一步**

首先回顾一下自己曾经独立开展过的相关活动，并对这些独立活动的效果进行评估。

**第二步**

尝试选择其中一到两个活动，通过寻求得到社会支持的方式重新开展。

**第三步**

记录活动的过程，看看是否能够获得更好的效果和心理感受。

# 第五章　培养兴趣，激发活力

英国著名的思想家罗素说："一个快乐的人，他最显著的标准就是兴趣。"罗素认为，每种对外界的兴趣，都会激发你的生命活力，只要兴趣持续不衰，你就不会感到生活灰暗无聊。

俄罗斯著名作家托尔斯泰说：成功需要的不是强制，而是激发兴趣。

按照心理学的释义，兴趣是人们力求认识某种事物或从事某项活动的意识倾向。通过兴趣所表现出来的积极情绪，不仅在人们的实践活动中具有重要意义，而且在活动进行中也能够获得愉悦的心理体验，有效提升人们的幸福感。

## 兴趣，激发成功与快乐

兴趣是指一个人力求认识某种事物或从事某种活动的心理倾向。

人的兴趣有很多种，大体上可以分两大类：工作类兴趣和生活类兴趣，也可以分为事务类兴趣和人际类兴趣。

对不同的人来说，兴趣多种多样、各有特色。例如，一些体育迷，一谈起体育便会津津乐道，一遇到体育比赛便想一睹为快，对电视中的体育节目特别迷恋，这就是对体育有兴趣；一些老京剧票友们，总喜欢谈京剧、看京剧，一遇京剧就来劲，这就是对京剧有兴趣。

在实践活动中，兴趣能使人工作目标明确，积极主动，从而能自觉克服各种艰难困苦，获取工作的最大成就，并能在活动过程中不断体验成功的愉悦。

大量的事实说明，兴趣既是获得成功的巨大动力，也是促进人们获得快乐和幸福的重要元素。

## 兴趣与成功

有关通过兴趣获得成功并提升幸福的案例不胜枚举。

爱迪生 11 岁才上学，三个月就被认定为"低能儿"并被撵出校门，只好由他妈妈对他进行启蒙教育。后来，他妈妈发现他凡是对未知问题都有浓厚兴趣，而且具有很强的动手能力，于是就致力于培养他的兴趣，终于使他取得 2 000 多项发明创造，成为 19 世纪伟大的发明家。

爱迪生在总结他自己的人生时曾说：我始终不愿抛弃我的奋斗生活，我极端重视奋斗的经验，尤其是战胜困难所得到的愉快。他还说，如果因为我的努力而给这个世界增添了一份快乐，我就感到很满足了。

祖冲之小时候，父亲要他读孔子的《论语》并熟背下来，但他读了 12 天也只能背出十多行，于是被父亲认定为不聪明，难以教诲。一天，负责掌管土木工程的爷爷到他家听说后，便把孙子带到建筑工地，不想祖冲之顿时就十分好奇起来，问这问那，要爷爷一一解答。晚上，祖冲之又问："为何十五的月亮是圆的呢？"爷爷说：

"万物都有运动规律，月亮初二初三像镰刀，十五就是圆的了。"爷爷发现孙子对天上的事很感兴趣，正好家里天文历法书籍很多，就叫他去读。祖冲之越读越有兴趣，最终潜心于天文历法研究，成为我国南北朝时期一位杰出的数学家和天文学家。

著名漫画家朱德庸幼时是班里的差等生。他一度非常刻苦，可学习还是赶不上去，被同学讽刺挖苦，甚至像皮球一样踢来踢去。他的自尊心受到极大打击。有一天，他终于忍不住问爸爸："我是不是很笨?"爸爸说："当然不是。"爸爸抚摸着他的头，两人相对无语。

他变得越来越自闭，一回家就把自己关在自己的小屋里。有一天，父亲走进他的小屋，发现他床头铺满一张张图画，都是画的"老师踩上街道西瓜皮滑倒""同学被野外马蜂狂追"等。父亲开始哭笑不得，知道儿子是把在学校受到的委曲都发泄到了画纸上。可看着看着，眼前竟然一亮，儿子有画画的天分啊！

从此，父亲任凭儿子躲在自己的世界里画画，而且特地买了一只宠物猫陪伴他。周末则带他去动物园玩，为他画漫画积累素材。由于他专心致志地投入到绘画中，25岁就成为台湾漫画界炙手可热的人物，《双响炮》《涩女郎》《醋溜溜》陆续出版，红遍东南亚。

爱迪生、祖冲之、朱德庸，都是因兴趣而成功的典范，同时也是体验快乐的哲人，播撒幸福的使者。

## 兴趣与快乐

名人由于兴趣成就了非凡的事业，普通人也可以充分享受兴趣带来的快乐。

2009 年 2 月，美国佛罗里达州桑福德市一个小镇上，有一名厨师马克·鲍勃博彩中了数百万美元大奖。马克·鲍勃一夜暴富，邀请很多朋友狂欢了一个晚上。所有人都为他高兴，唯独饭店老板约翰有些不悦，因为这样一来，马克·鲍勃肯定要离开饭店去享受他的人生了。第二天，约翰就拟出招聘新厨师的广告。不想马克·鲍勃却对他说，我是厨师，你们休想把我丢进那些豪华会所。于是，他又吹起口哨，开始了他习惯的做饭炒菜工作。

记者问他："你有这么多钱，完全可以离开这份又苦又累的工作了，为什么还要继续干呢？"

他一手端着盘子，一手拿着勺子说："你知道我有多么喜欢这份工作吗？我在这里与老板和同事相处得像亲人一样快乐，我为什么要因为有了钱就要搁浅我的快乐呢？"

无独有偶，在英国也有一个类似的案例。

2007 年 10 月，英国有位火车司机叫卡尔·筹兰斯，也是中了690 万英镑的大奖。他中奖后花了几十万英镑买了一辆房车开始环球旅行。可是几个月后，他居然又提出申请重新回到自己原来的岗位。

有人问他是不是疯了时，他发自内心地说："我感觉到自己的兴趣还是在火车上，我一定要与自己心爱的火车一起快乐地工作下去。"

### 兴趣，打开人生的金钥匙

在很多人的人生中，都隐藏着"兴趣"的秘密。拥有兴趣，对一个人的成功和幸福具有着非凡的作用与意义。

2001 年 5 月，美国内华达州的麦迪逊中学在入学考试时出了这么一个题目：比尔·盖茨的办公桌上有 5 只带锁的抽屉，分别贴着财富、兴趣、幸福、荣誉、成功 5 个标签；盖茨总是只带一把钥匙，而把其他的 4 把锁在抽屉里，请问盖茨带的是哪一把钥匙？其他的 4 把锁在哪一只或哪几只抽屉里？

一位刚移民美国的中国学生，恰巧赶上这场考试，看到这个题目后，一下慌了手脚，因为他不知道它到底是一道语文题还是一道数学题。考试结束，他去问他的担保人——该校的一名理事。理事告诉他，那是一道智能测试题，内容不在书本上，也没有标准答案，每个人都可根据自己的理解自由地回答，但是老师有权根据他的观点给一个分数。

这位中国学生在这道 9 分的题上得了 5 分。老师认为，他没答一个字，至少说明他是诚实的，凭这一点应该给一半以上的分数。让他不能理解的是，他的同桌回答了这个题目，却仅得了 1 分。同桌的答案是，盖茨带的是财富抽屉上的钥匙，其他的钥匙都锁在这只抽屉里。

后来，这道题通过 E－mail 被发回国内。这位学生在邮件中对同学说，现在我已知道盖茨带的是哪一把钥匙，凡是回答这把钥匙的，都得到了这位大富豪的肯定和赞赏，你们是否愿意测试一下，说不定还会从中得到一些启发。

同学们到底给出了多少种答案，我们不得而知。但是，据说有一位聪明的同学登上了美国麦迪逊中学的网页，他在该网页上发出了比尔·盖茨给该校的回函。函件上写着这么一句话：在你最感兴趣的事物上，隐藏着你人生的秘密。

财富、兴趣、幸福、荣誉、成功，人生的五把钥匙都值得我们孜孜以求，但是财富、幸福、荣誉、成功不是天上掉下的馅饼，而是人生奋斗的回报和结果。只有兴趣是你最早必须带上的钥匙，有了它，也许你就会找寻到其他四把钥匙。

即使是比尔·盖茨当初的创业和冲动，也更多的是出于兴趣，而不是为了财富、幸福、荣誉、成功，只是高明的比尔·盖茨更善于利用这把钥匙，比任何人更快、更好地找到了财富、幸福、荣誉、成功。

兴趣激发快乐

## 兴趣提升，行动有方法

兴趣是那种能让自己眼里放光，想着就兴奋，想着就睡不着觉的东西。能够早日发现并不断提升自己的兴趣，无论对自己的学习、工作还是生活都具有重大的意义。发现得越早，你就越幸运，因为和别人相比你可以少浪费一些时间；提升得越快，你就越有可能获得更大的成功，越能获取更大的幸福。

在兴趣提升的行动中，一方面我们在职业选择时就应该尽可能地"走对路"，有效提升自己的职业兴趣；另一方面，在"八小时"之外，可以积极培育自己的业余兴趣爱好，让"兴趣"充满生活。与此同时，我们更应该尽可能地基于自己的"兴趣"来创造"职业"，实现兴趣与工作一体化。

无论是在工作中还是在工作外，只要有"兴趣"相随，幸福就会常伴左右。

### 发现"职业兴趣"

虽然完全按照兴趣来选择职业是一种梦想，但是，在选择职业时尽可能发现和提升自己的职业兴趣，对于每一个人来说，至关重要。

关于"职业兴趣"的研究，最早可以追溯到20世纪初。在前人研究成果的基础上，1959年，美国约翰·霍普金斯大学心理学教授约翰·霍兰德提出了具有广泛社会影响的职业兴趣理论。

他认为，人的人格类型、兴趣与职业密切相关，兴趣是人们活动的巨大动力，凡是具有职业兴趣的职业，都可以提高人们的积极性，促使人们积极地、愉快地从事该职业，而且职业兴趣与人格之间存在很高的相关性。

他将人格分为现实型、研究型、艺术型、社会型、企业型和常规型六种类型，见图5-1所示。

#### ◎ 社会型

社会型人格的人喜欢与人交往，不断结交新的朋友，善言谈，愿意教导别人。他们关心社会问题、渴望发挥自己的社会作用，寻求广泛的人际关系，比较看重社会义务和社会道德。

*典型职业如：教育工作者（教师、教育行政人员），社会工作者*

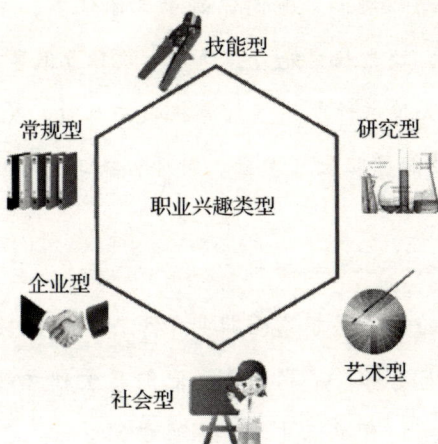

图 5 - 1　人格的六种类型

（咨询人员、公关人员）。

◎ **企业型**

企业型人格的人追求权力、权威和物质财富，具有领导才能。他们喜欢竞争、敢冒风险、有野心、有抱负，为人务实，习惯以利益得失、权力、地位、金钱等来衡量做事的价值，做事有较强的目的性。

典型职业：如项目经理、销售人员，营销管理人员、政府官员、企业领导、法官、律师。

◎ **常规型**

常规型人格的人尊重权威和规章制度，喜欢按计划办事，细心、有条理，习惯接受他人的指挥和领导，自己不谋求领导职务。他们喜欢关注实际和细节情况，通常较为谨慎和保守，缺乏创造性，不喜欢冒险和竞争，富有自我牺牲精神。

典型职业：如秘书、办公室人员、记事员、会计、行政助理、图书馆管理员、出纳员、打字员、投资分析员。

◎ **实际型**

实际型人格的人愿意使用工具从事操作性工作，动手能力强，做事手脚灵活，动作协调。他们偏好于具体任务，不善言辞，做事保守，较为谦虚，缺乏社交能力，通常喜欢独立做事。

典型职业：如技术性职业（计算机硬件人员、摄影师、制图员、机械装配工），技能性职业（木匠、厨师、技工、修理工、农民、一般劳动）。

◎ 调研型

调研型人格的人是思想家而非实干家，抽象思维能力强，求知欲强，肯动脑，善思考，不愿动手。他们喜欢独立的和富有创造性的工作，知识渊博，有学识才能，不善于领导他人，且考虑问题理性，做事喜欢精确，喜欢逻辑分析和推理，不断探讨未知的领域。

典型职业：如科研人员、教师、工程师、电脑编程人员、医生、系统分析员。

◎ 艺术型

艺术型人格的人有创造力，乐于创造新颖、与众不同的成果，渴望表现自己的个性，实现自身的价值。他们做事理想化，追求完美，不重实际，具有一定的艺术才能和个性，善于表达、怀旧，心态较为复杂。

典型职业：如艺术方面（演员、导演、艺术设计师、雕刻家、建筑师、摄影家、广告制作人），音乐方面（歌唱家、作曲家、乐队指挥），文学方面（小说家、诗人、剧作家）。

为了提升自己的职业兴趣，你可以通过如下步骤帮助自己进行职业选择。

**第一步　进行职业兴趣测评分析**

通过职业兴趣测评，充分了解自己的职业兴趣类型，为基于兴趣选择职业提供基本依据。

### 第二步　寻找最优职业环境

基于测评结果，尽可能选择与自我兴趣类型完全匹配的职业环境，例如，一个具有实际型兴趣的人如果能够在实际型的职业环境中工作，可以最好地发挥个人的潜能。

### 第三步　选择相近的职业环境

如果无法实现个人职业兴趣与职业环境的"最佳匹配"，在职业选择时，你可尽量选择与自己兴趣相近的职业环境。

通常情况下，每个个体都是多种兴趣类型的综合体，单一类型显著突出的情况并不多，因此，你可以适当地进行"妥协"，找到与自己职业兴趣相近的职业环境，然后逐渐适应。

霍兰德认为，员工的工作满意度与流动倾向性，取决于个体的人格特点与职业环境的匹配程度。当人格和职业相匹配时，会产生较高的满意度和较低的流动率。

当然，如果一个人实在无法直接找到自己的职业兴趣，可以考虑选择下面的两种方法：

一是发展"业余爱好"，让自己的业余生活充满乐趣；

二是基于个人兴趣爱好挖掘"兴趣职业"，实现兴趣与工作一体化。

## 培养业余兴趣

如果不能从你的工作中获得乐趣，没有关系，你可以发展自己的业余兴趣，当你拥有适当的业余兴趣爱好时，你同样会感到快乐。

每个人的兴趣爱好可能并不相同，而且，兴趣爱好的确有好的爱好和不良的嗜好之分。所以，发展业余兴趣时，一定要找自己喜欢、能够为自己带来快乐并且具有一定意义的爱好，这样才能有效提升自己的幸福感。

例如，你可以坚持体育锻炼，从各种各样的运动中获取快乐；你也可以坚持读书学习，从博览群书中享受"静静"的快乐；当然，如果你选择的兴趣活动同时是以"兴趣小组"活动的方式进行，你将能够同时收获基于亲密人际关系带来的幸福感。

下面我们重点推荐"体育锻炼"和"读书"这两类兴趣爱好。

◎ 在书里"串门儿"

在如今网络化、碎片化的时代，信息泛滥成灾，绝大多数人比较愿意享受快餐式文化，心态普遍比较浮躁，人们好像什么都知道，其实又往往什么都没有沉淀下来。真正能够静下心来认真读几本书，让自己静下来的人越来越少。所以，如果你能够培养自己的"书趣"，经常过一过"静"生活，自然能够让自己从"书趣"中获得无穷乐趣。

杨绛的《在书里"串门儿"》一文，对读书的好处有非常到位的描述。

我觉得读书好比串门儿——"隐身"的串门儿。要参见钦佩的老师或拜谒有名的学者，不必事前打招呼求见，也不怕搅扰主人。翻开书面就闯进大门，翻过几页就登堂入室；而且可以经常去，时刻去，如果不得要领，还可以不辞而别，或者另找高明，和他对质。不问我们要拜见的主人住在国内国外，不问他属于现代古代，不问他什么专业，不问他讲正经大道理或聊天说笑，都可以挨近前去听个足够。

我们可以恭恭敬敬旁听孔门弟子追述夫子遗言，也可以在苏格拉底临刑前守在他身边，听他和一位朋友谈话。我们可以倾听列代的遗闻逸事，也可以领教当代最奥妙的创新论或有意惊人的故作高论。反正话不投机或言不入耳，不妨抽身退场，甚至砰一下推上大门——就是说，啪地合上书面——谁也不会嗔怪。这是书的世界里难得的自由！

每一本书——不论小说、戏剧、传记、游记、日记，以至散文诗词，都别有天地，别有日月星辰，而且还有生存其间的人物。我们很不必巴巴地赶赴某地，花钱买门票去看些仿造的赝品或"栩栩如生"的替身，只要翻开一页书，走入真境，遇见真人，就可以亲亲切切地观赏一番。

书的境地，实在是包罗万象，贯通三界。我们可以足不出户，在这里随意阅历，随时拜师求教。这里可得到丰富的经历，可认识各时各地、多种多样的人。

钻入书中世界，这边爬爬，那边停停，有时遇到心仪的人，听到惬意的话，或者对心上悬挂的问题偶有所得，就好比开了心窍，乐以忘言。


在各种兴趣爱好中，读书算是一种有百益而无一害的兴趣，如果你能够坚持，一定会受益终生。

## ◎ 强身健体，有益身心

身体是人的载体，离开了身体，一切都是"空中之物"。大家都知道"1 000……"等式，即"1"是身体健康，名誉、地位、金钱都是"0"，只有有了"1"，其他才有意义。如果身体不好，很难有快乐可言。曾任世界卫生组织总干事的马勒博士说："健康并不代表一切，但失去健康，便失去一切。"

有一个笑话，说的是几个成功人士死后到上帝那里去报到，上帝逐一问他们在人间有什么成功之处？一个人说我官当了多大，一个人说我钱赚了多少，另一个人说我有多大的名气……

上帝听了都直摇头说："你们这些都算不上成功，真正的成功是到我这里来报到最晚。"

　　体育锻炼是人们一致公认的健康的兴趣爱好，不仅能够强健身体，而且能够帮助人们获得极高的幸福感。

　　《幸福有方法》一书中，作者将体育锻炼列为一项重要的"幸福行动"，作者通过大量的研究和实验，总结出体育锻炼能够提高幸福感的主要理由如下。

　　一是进行体育锻炼或者健体养生能让我们感到自己有能力掌控健康，浑身充满力量。锻炼不仅会带给我们瞬时的激励（这在第一次活动中你就能够体会到），而且持续坚持锻炼，你在各方面都会得到长期的改善。

　　1999 年，《内科医学档案》刊登了一篇令人印象深刻的体系活动论文。该研究招募了一群年龄在 50 岁（含）以上的老人，他们经临床诊断都患有抑郁症。这些人被随机分成了 3 个小组：第一组成员被安排进行为期 4 个月的有氧运动；第二组成员需要在 4 个月内坚持服用抗抑郁症药物；第三组成员既要参加运动，也要服用药物。在教练的指导下，他们需要完成每周 3 次的有氧运动，包括骑单车、走路或慢跑，每次 45 分钟，强度从中级到高级逐渐加强。在 4 个月的干预实验后，令人惊讶的是，3 个小组成员的抑郁状况都有所好转，他们的心态也变好了，幸福感和自信心都有所提升。在治疗抑郁症方面，有氧运动竟然和抗抑郁症药物具有同样的疗效，并且其效果不亚于两者同时进行。运动比药物便宜多了，而且除了一开始出现的身体酸痛，通常不会有其他任何副作用。更明显的好处出现在 6 个月后——和单纯服用药物的小组相比，通常进行有氧运动治愈抑郁症的人很少有复发。这个研究就是著名的药物干预治疗和长期体育锻炼对比研究。

　　二是体育锻炼容易让人体验到心流状态，远离焦虑，不致胡思乱想。体育锻炼是忙碌人生的"暂停"时间，而且运动后几小时你依然可以保持好心情。

研究证明，体育锻炼能够提高血清素的分泌水平，这种激素的作用类似于百忧解（一种治疗精神抑郁的药物）。

三是体育锻炼不仅能够消除孤独感，而且当你和他人结伴同行时，还能够提供更多与他人交往的机会，这样你就有可能得到更多的社会支持，加深与他人的友谊。

当然，对于每一个人（特别是不同年龄的人）来说，应该找到适合自己的运动方式和运动强度。合理的、经常的体育锻炼会让你获得更多的幸福。

## 发展兴趣职业

如果你还没有找到适合自己的"职业兴趣"，你可以反过来基于自己的"业余兴趣"来挖掘和发展自己的"兴趣职业"。

人们做自己喜欢的事情相对容易成功，但如果能够将自己喜欢的事发展成为同时可以赚钱的"兴趣职业"，从而实现兴趣与工作一体化，当然更是两全齐美的大好事。实际上，许多兴趣爱好都能够缔造自己美好的事业和完满的人生。

例如，你可以将自己酷爱的体育运动发展成为兴趣职业。不论你是擅长举重、瑜伽、肚皮舞还是山地车，你都可以先接受培训然后去做教练员。如果你是热衷于保持健美的健身专家，更是可以拥有特别的"职业"机会，你可以教授自己喜欢的活动。

又例如，如果你也是"音乐爱好者"，或许这个跳动着乐符的事业比较适合你，你可以在家教授私人声乐课，也可以租个音乐棚用于工作，你可以将自己的爱好变成自己的职业。对于这些人而言，音乐不只是爱好，也是兴趣职业，更是他们活在人世的快乐源泉。

当然，可以成为兴趣职业的类别千差万别，多种多样，你只需要找到一个属于自己的领域即可。

以下是来自身边朋友的真实故事。

有一位喜欢新闻摄影和新闻写作的朋友，学历只是高中毕业，但他在打工之余，不辞辛苦，整天拿着相机到处去寻找新闻线索。仅仅几年的时间，他先后拍摄投稿的新闻图片和新闻报道多达上千条（幅）。有了兴趣成果之后，他根据自己的兴趣寻找到相应的兴趣职业，实现了工作与兴趣一体化，既获得了不菲的兴趣职业收入，同时又长期保持了自己的兴趣不减。虽然整天到处奔走，但因为兴趣所致，不仅身体健康，心情也十分舒畅。

还有一位朋友很喜欢写小说，在工作之余从未间断。但是，在很长一段时期内，写小说只是作为自己的一种业余兴趣爱好，"养家糊口"则靠从事办公室文员工作获取的有限收入来维持。后来，网络小说的发展带来了新的机会，她开始从事网络小说的写作，并将这一兴趣发展为职业。仅仅两年左右的时间，她不仅实现了个人收入的大幅度增长（超过原收入的 10 倍以上），而且成为网络红人，个人成就感也大大提升。

## 从工作中寻找快乐

在《幸福有方法》一书介绍的一项研究中，研究人员通过传呼机对一组工人进行跟踪研究，让他们持续回答如下问题：在那一刻，他们将多少注意力放在了正在做的事情上？他们还想继续做手头的事情吗？他们在那一刻感觉幸福吗？正在做的这件事是自己擅长的吗？能够发挥自己的创造力吗？

研究结果显示，在工作时，这些工人都倾向于做一些难度较大、技术含量较高的工作；而在家或休闲娱乐时，他们更倾向于做一些不需要什么技术含量、简单易操作的事情。因此，在工作中，他们更容易找到自信和自我价值，而在家里，他们更容易产生无聊感。但进一步探讨时，这些参与者无一例外地回答说，工作时他们并不想工作，只想去做其他的事情；但在休闲娱乐时，他们却希望能够一直持续下去。

这个研究结果表明，参与者对工作和休闲娱乐的看法与他们的实际经历之间是脱节的。实际上，他们在工作中的真实经历有着更加积极、更加强大的作用，但是，很多人根本没有意识到这一点。

另一项研究发现，人们对工作的看法通常分为以下三种：任务、职业或者事业。三种人对工作的态度和认识存在巨大差异。

那些把工作视为任务的人认为工作是不得已而为之，是一种实现最终目标的手段，而不是一件积极或有价值的事情。因此，这些人工作是为了挣钱，然后享受下班后的时光。

把工作当作职业的人也不会把工作看成生活中最主要的组成部分，但他们希望在职场中得到晋升。所以，他们并不是在单纯地完成任务，他们在工作中投入大量的时间和精力，目的是创造更多的机会，获得更高的社会地位、更大的权利和更多的尊重。

那些视工作为事业的人则认为工作本身就是一种享受，工作可以带给他们成就感，而且也对社会有益。工作不是为了物质利益或晋升，而是因为他们想要这么做，工作已成为他们人生中不可分割的部分。

以上研究的有效性并没有因为职业不同而存在明显的差异。也许，人们想当然地认为艺术家、老师、科学家等职业相对更容易从工作中获得享受，但实际上，进一步的研究发现，很多不同职业的人都擅长精心安排自己的工作，以便从中获得"意义"。关键的差异在于"不同的人"，而不在于"不同的工作"。

例如，同样是医院的清洁人员，有些人不喜欢清洁工作，觉得没有什么技术含量，总是停留在"完成即可"的程度；另一些人则把这份工作看成是一件有意义的事，他们喜欢自己的工作，认为自己的工作改善了患者以及医务工作者的工作环境，他们还积极地与医院里的其他人进行交往。他们对自己提出了各种挑战，例如，如何高效率地完成工作、如何让患者感到舒适以便尽快康复等。在职责之外，他们还做了很多额外的工作，如重新布置医院墙上的画等。

无论是喜欢还是不喜欢，你的工作往往都占据了你生活中的大部分时间，与其等待享受下班后的"好时光"，为什么不积极思考如何改进自己的工作，从而让自己全身心地投入并获得快乐呢？

## 享受当下生活

很多人之所以在现实生活中缺乏"兴趣"，主要是因为他们总是在为未来"艰苦奋斗"，总是期望达到未来的某种"结果"时再享受那时的"美好幸福时光"。因此，他们很少生活在当下，很少花时间品味现在的生活。其实，懂得品味当下生活的美好，才是获得更多幸福的重要因素，你应努力过好每一天，把每一天都当作你生命中的最后一天来过。

《幸福有方法》的作者建议把享受生活分成"回忆过去、享受当下和憧憬未来"三个部分，这三个部分相互作用，都有助于提升个人幸福感。怀念曾经拥有的美好时光，能让你感受到幸福；对未来充满希望，能够让你心态乐观。有了对过去的美好回忆以及对未来的美好期待，可以促进我们享受当下的生活，对现实的生活充满乐趣。

享受当下生活，不妨试一下如下方法。

### ◎ 享受平凡的快乐

每个人都应该思考一下，你每天的日常活动，是匆匆忙忙地完成而已，还是能够静下心来细细享受这一切？

研究表明，如果一个原来每天做事都匆匆忙忙的人，能够每天抽出几分钟的时间慢慢地做一件事（如吃饭、洗澡、完成工作等）并好好体味，定期享受一下都市"慢生活"，那么，他的个人幸福感就会有很大的提升。甚至一些原来患有抑郁症的患者，症状能够得到明显减轻。

所以，不管是在家里还是在办公室，做完一件事后，出去晒晒太阳，休息一下，不要匆忙地开始下一个任务。享受生活中的平淡小事，当你有一天回忆起来时，你会发现它们都是大事。

### ◎ 回忆美好往事

回忆往事，既可以与他人一起进行，也可以一个人独自进行。

研究人员发现，与他人一起回忆往事有很多益处。共同的回忆可以带来很多积极的情绪，如兴奋、成就感、快乐、满足、自豪等。每个人（尤其是阅历丰富的老年人）都能够从过去的经历中获得正面、积极的感受。

回忆的内容可以多种多样，例如，和他人一起回忆参加过的某个聚会、某次旅行，合作过的一项工作，或者共同交往的一个朋友；你们也可以故地重游，一起翻阅纪念册，一起听一首老歌，如此等等。

你也可以独自回想过去快乐的日子，想想当时发生的事情，尽可能回忆起所有的细节。回忆时，不要进行分析，只需在脑海中再现当时的情境，慢慢地品味就可以了。研究发现，如果一个人连续3

天、每天做 8 分钟这项练习，那么他在 4 周内都能感受到这种强烈的积极情绪。

◎ 分享好消息

实验证明，和其他人分享成功与喜悦，可以让自己的身体更健康。因此，你要尽可能地分享关于自己和其他人的"好消息"。当你的亲朋好友们（包括自己）获得荣誉、取得成功时，你要恭喜他们（包括你自己），最好能够为此举行一些庆祝（方式可以多种多样），尽情享受这份幸福。

传递并分享好消息，不仅可以让你自己品味那一刻的喜悦，还能够增进与他人之间的人际关系，收到多重的功效。

兴趣，打开人生的金钥匙

## 实战演练：寻找兴趣，提升幸福

兴趣是快乐之源，一个拥有工作兴趣（或兴趣工作）的人往往更容易提升自己的幸福感，以下演练可帮助你有效地寻找自己的工作兴趣（或兴趣工作），同时通过专注于自己的兴趣来增加"心流体验"，从而获得更多的幸福。

## 演练之一：寻找你的职业兴趣

乔布斯说："你必须找到你所喜欢的东西，工作上是如此，对情侣也是如此。你的工作将占据你大半个人生，唯一能真正获得满足的方法是做你认为伟大的工作，而唯一能做伟大工作的方法是喜爱你做的事。"

因此，寻找自己的"职业兴趣"，找到自己喜欢做的事情来赚钱，无论是为了获取自己的工作成就，还是为了提升自己的生活品质，都是一个非常"正确"的选择。

以下演练将会帮助你有效地寻找自己的"职业兴趣"。

**第一步　为自己确定一个目标，找到你喜欢做的事**

一个人如果确定了自己的"目标"是什么，知道自己的目标在哪里，其余的事情就会变得很简单。

举个例子，如果你知道你想到达纽约，你会找到许多方式到达那儿。你会乘飞机、火车或者汽车去纽约，并将到达纽约。如果你没有现金，你将会借，或者找个工作并存钱，或者得到一个航空服务员的工作，免费去那儿。至于花多长时间或者需要做什么，对你来说都无所谓，因为你知道自己将要去纽约，你会以到达纽约为中心来展开你的所有行动。

**第二步　制定一个你拥有的技能和兴趣清单**

这里所说的技能，是指任何技能。它可以是特别领域的知识，也可以是一个无形的技能。例如编程、制作网页、说话、倾听、说服别人、打字、调情、分析、做演讲、让事情易于理解、吹口哨等，它可以是任何事情。

这里所说的兴趣，同样是指每一个你可能想到的兴趣。例如蜘蛛、鞋、头发、化妆、篮球、台球、想点子、照顾小孩、散步、徒步旅行、烟花、助人为乐、取笑别人、钓鱼、太极、空手道等。

请记住，你一定要把它们写下来，不要认为自己可以在头脑里做这一切。

当你已经列举了尽可能多的技能和兴趣之后，你可能会发现技能和兴趣会逐渐偏移向一到两个比较精确的领域。

**第三步  进一步问自己：我在日常生活中喜欢做什么，能够同时利用我的技能和兴趣，为人们增加重要的价值**

通过以上问题，你可以自动过滤掉那些诸如"我喜欢看电视"或者"我喜欢玩视频游戏"这样的普通答案，因为人们看不到如何能从中赚钱。当然，赚钱只是"增加价值"带来的副产品，当你知道怎样为人们增加价值，你就会知道怎样赚钱。

看着你在前一步骤中列出的清单，开始写一列答案。只是写，不需要完美，也不需要有意义，因为迟早，你会把这些点连接起来。即使某个答案看起来很荒唐，也写下来，写下你所有的答案，直到你有了 20 个答案，浏览一次，你会发现，当你写下答案并看着它们，便会驱使你想写新的有创意的你以前未注意到的答案，你会为你所写的所有的内容而感到惊奇。

现在是集中精神的时间了。把你的清单看一遍，你可能发现你可以把众多的想法合并为几个想法。然后，在这些想法中选一个不仅是你最满意的，同时也是别人最满意的想法。

现在，你已经知道自己喜欢做什么了。至于怎样赚钱，或许在你写下你的答案时就已经找到途径了。当然，你也可以重复以上的步骤，找到通过做你喜欢做的事赚更多钱的方式。

现在你知道你自己喜欢做什么，并怎样从中赚钱，接下来，你必须行动。如果没有行动，你的生活便不会有任何改观。

## 演练之二：创造你的"幸福时刻"

拥有兴趣的人容易获取幸福，但是，只有专注兴趣才能增加"心流体验"，获取更高的幸福感，创造更多、更难忘的"幸福时刻"。

《幸福有方法》一书将"增加心流体验"作为 12 大幸福行动之一，鼓励人们"活在当下"，从而有效提升自己的幸福感。

**第一步　回顾一下，你有过"心流体验"吗**

"心流体验"的概念由美国著名心理学家米哈里·契克森米哈赖提出，指的是一种对正在做的事情全身心投入的状态——此时的你完全沉浸在所做的事情当中，达到忘我的境界。

当你全神贯注地做某件事时（如画画、写作、交谈、下象棋、上网等），你会忘记时间在流逝，既感觉不到饥饿，也感觉不到腰腿酸痛，甚至忘记去卫生间。此时此刻，其他的事情都变得无关紧要，你的眼里只有正在做的事情。这就叫作"心流体验"状态。

### 我的"心流体验"时刻

我曾经拥有的"心流体验"时刻 1：

_____

_____

我曾经拥有的"心流体验"时刻 2：

_____

_____

_____

我曾经拥有的"心流体验"时刻 3：

_____

_____

_____

_____

**第二步　分析：让你产生"心流体验"的事情具有什么特点**

是否能够拥有"心流体验"，往往取决于以下因素。

一是你对这件事是否有兴趣。

没有兴趣的事情你根本就不愿意去做，当然很难产生"心流体验"。

二是你是否拥有做这件事情的技能。

不管是做什么事情，如果超出你现有的技能或专业知识，你就会感到焦虑、不安，觉得难以掌控。

三是这件事是否有一定的难度。如果一件事很轻易就可以完成，你会觉得无聊、没意思。

分析一下，你曾经拥有的"心流体验"是否具有以上特点？

"心流体验" 1 主要特点：

_____

_____

_____

"心流体验" 2 主要特点：

_____

_____

_____

"心流体验" 3 主要特点：

_____

### 第三步 采取行动，增加"心流体验"

"心流体验"是一种发自内心的自然快乐和满足，不是假装的快乐或者纯粹的享乐。"心流体验"是一种积极、高效、可控的经历，在这种体验中，你不会感到愧疚、羞耻，也不会对个人或社会造成危害。通过"心流体验"，你获得的享受不仅更多，也会非常持久。

以下方法可以帮助你获得或增加你的"心流体验"。

#### ◎ 保持开放心态，能够不断接受新事物

小孩子由于能够天然地接受新事物，很容易投入其中，因此，产生"心流体验"对他们来说是自然而然的事情。而成年人由于"经历复杂"，对新事物往往持观望和排斥态度，即使接受也难以迅速将注意力集中到上面来。

因此，要想拥有"心流体验"，就必须保持开放的心态，能够不断地尝试和接受新事物。这一点无论对于保持现有兴趣还是发展新的兴趣都非常重要。

#### ◎ 不断挑战自己，努力提高各种技能并寻找新的机会加以运用

技术一经掌握，其挑战性就降低了，因此，要想获得"心流体验"，你必须不断地努力，不断地成长，不断地学习，从而成为一个更有能力、更专业、更成熟的人。

米哈里·契克森米哈赖认为："只要能够享受奋斗的过程，那么不管我们的目标有多高，都不会有问题。"

#### ◎ 保持注意力集中，力争实现突破

一个人能够投入的注意力只有那么多，若要增加"心流体验"，

就不能"三心二意"，必须把全部注意力集中到当前正在做的事情上来，只有这样才能突破，才能创造更多的快乐。

保持注意力集中并不是一件容易的事情，但是，要想增加"心流体验"就必须付出努力。如果你能够将自己的注意力集中于正在做的事情上来，你的感受就会大不相同。

### ◎ 把握平衡，防止"心流体验"走向极端

对于不缺乏"心流体验"的人来说，有可能会走向另一个极端，那就是深陷其中，不能自拔，从而影响了自己和家人的生活平衡。这既包括"好"的事情，更包括"不好"的事情。例如，"在慈善机构做志愿者"这样的建设性活动，如果投入精力过度，也会导致自己忽视亲人的需要；至于"玩电子游戏上瘾"这种不好的活动更是应该防止。

当你沉迷于"心流体验"之中，甚至完全忘记还有很多紧迫的事情要做，这时，就已经向你发出警戒信号了。

# 第六章　追寻目标，充满希望

有研究表明，一个人只要拥有目标，无论你用什么样的方法实现它，实现目标的"过程"都会为自己带来快乐。因此，追求目标是一个人获得幸福的最有效路径之一，是一个追求幸福的人绝对不可缺少的重要"行动"。

目标追寻的过程之所以能够为人们带来个人幸福感的提升，其中的奥秘就是人们在追寻目标的过程中能够让自己充满希望，而一个人只要拥有希望，就能够通过希望燃烧出激情，让你的人生更加绚丽多彩。

## 点亮心中的明灯

### 希望的力量

在古希腊神话中，"希望"是潘多拉魔盒中剩下的最后一样东西。传说潘多拉在强烈好奇心的驱使下打开魔盒，里面的各种灾祸虫害像股黑烟似地飞了出来，潘多拉十分恐惧，慌乱之中迅速盖上魔盒，结果里面还剩下最后一样东西没有跑出来，那就是智慧女神雅典娜为了挽救人类命运而悄悄放在盒子底层的美好东西——"希望"。

在德国哲学家布洛赫的"希望哲学"中，希望不仅是人的一种意识，而且是人的本体现象，即人与希望是不可分割的内在联系体，希望根植于人性之中，是人的本质结构。这一观点说明，希望就是我们身体的一部分，如同我们的眼睛、耳朵、血脉、骨骼一样。人离不开希望，有希望的人才具有生命力。

人类如果没有了"希望"，一切都将暗淡无光。一个拥有"希望"的人，必然能够凝聚起强大的精神动力。希望的力量，无论是在动物还是在人类的心理实验中，都得到了有效证明。

◎ 白鼠实验

一位心理学家做过这样一个动物实验：

将两只白鼠丢入一个装了水的器皿中，它们会拼命地挣扎求生，一般维持的时间是 8 分钟左右。然后，他在同样的器皿中放入另外两只白鼠，在它们挣扎了 5 分钟左右的时候，放入一块可以让它们爬出器皿的跳板，让这两只白鼠得以存活。若干天后，再将这两只大难不死的白鼠放入同样的器皿，结果真的令人吃惊：两只白鼠竟然可以坚持 24 分钟。

这位心理学家说，前面的两只白鼠，因为没有逃生的经验，只能凭自己的体力来挣扎求生，后面两只白鼠因为有过逃生经验而多了一种精神力量。这种精神力量就是内心的希望。

◎ 独身横渡大西洋的林德曼

与白鼠实验相比，德国精神病学专家林德曼独身横渡大西洋的心理实验更加让人惊心动魄。

1920 年 7 月，德国精神病学专家林德曼向世人宣布：他将独身驾船横渡大西洋。理由是，他想通过自己做个实验，证明生的希望对人的心理和肌肉会产生什么样的效果。

在此之前，有 100 多名德国青年先后冒险驾船横渡大西洋，但均未生还。当时人们普遍认为，独身驾船横渡大西洋是完全不可能成功的。

这天，林德曼驾着一艘弱不禁风的小船横渡大西洋，没有做任何记录，他感兴趣的是应对极限条件下的精神紧张方式。他靠自我催眠和自己发明的一种"心理卫生"系统来克服恐慌和想要自杀的绝望。他独身出航十几天后，船舱进水，巨浪打断了桅杆。林德曼筋疲力尽，浑身像被撕成碎片一样疼痛，加上长时间睡眠不足，开始产生幻觉，肢体渐渐失去感觉，在意识中常常出现生不如死的念头。但他马上对自己说："懦夫，你想死在大海里吗？不，我一定要战胜死亡之海！"在整个航行的日日夜夜里，他不断地对自己说："我有希望，我一定能到达大西洋彼岸！"这一生的希望始终支持着林德曼，最后他终于成功了。

他在回顾成功的体会时说："我从内心深处相信自己一定有希望成功，这个希望之神已与我融为一体，甚至渗透了我浑身的每一个细胞。"

## 目标的价值

心理学家曾经做过这样一个实验：

组织三组人，让他们分别向着 10 公里以外的三个村子进发。

第一组人既不知道村庄的名字，也不知道路程有多远，只告诉他们跟着向导走就行了。刚走出两三公里，就开始有人叫苦。走到一半的时候，有人几乎愤怒了，他们抱怨为什么要走这么远，何时才能走到头，有人甚至坐在路边不愿走了。越往后，他们的情绪就越低落。

第二组人知道村庄的名字和路程有多远，但路边没有里程碑，只能凭经验来估计行程的时间和距离。走到一半的时候，大多数人想知道已经走了多远，比较有经验的人说："大概走了一半的路程。"于是，大家又簇拥着继续往前走。当走到全程四分之三的时候，大家情绪开始低落，觉得疲惫不堪，而路程似乎还有很长。这时，有人说："快到了，快到了。"于是大家又振作起来，加快了行进的步伐。

第三组人不仅知道村子的名字、路程，而且公路旁每一公里都有一块里程碑，人们边走边看里程碑，每缩短一公里，大家便有一小阵的快乐。行进中，他们用歌声和笑声来消除疲劳，情绪一直很高涨，所以很快就到达了目的地。

心理学家因而得出了这样的结论：如果人们的行动目标明确，并能把行动与目标不断地加以对照，进而清楚地知道自己的行进速度与目标之间的距离，那么人们行动的动机就会得到维持和加强，就会自觉地克服一切困难，努力到达目标。

从某种意义上讲，"目标"和"希望"是一个有机的整体，没有"目标"的人很难充满"希望"，而缺少"希望"的人自然也就很难实现自己的"目标"。

目标对于一个人的重要意义不言而喻，目标对一个人的人生具有巨大的导向作用，是一个人心中的明灯，时刻照亮着人们通往前方的道路。

一个人今天的状态不是由今天所决定的，它是我们过去目标选择的结果，有什么样的目标就会有什么样的人生。

## 三个石匠的故事

这是大家都熟知的一个小故事。讲的是在遥远山村，有三个石匠在干活。先知路过这里，问第一个石匠：你将来想干什么？答：能够养家糊口呗。问第二个石匠：你呢？答：我想成为全国最棒的石匠。问第三个石匠：那你呢？答：我想建一座最漂亮的教堂。

20年后，第一个石匠仍然在家里采石以养家糊口；第二个石匠已成为一位颇有些知名度的雕塑家；第三个石匠五年后就投身建筑业，10年后募捐建教堂，15年后教堂投入使用，现已成为一个大型建筑公司的董事长。

你拥有什么样的目标，往往就能得到什么样的结果。

美国哈佛大学有一个非常著名的关于目标对人生影响的跟踪调查。对象是一群智力、学历、环境等条件相似的年轻人，调查结果如表6-1所示。

表6-1　目标跟踪调查表

| 所占比例 | 目标状态 | 成就状态 |
| --- | --- | --- |
| 27% | 没有目标 | 社会最底层 |
| 60% | 目标模糊 | 社会中下层 |
| 10% | 有清晰但比较短暂的目标 | 社会中上层 |
| 3% | 有清晰并且长期的目标 | 顶尖成功人士 |

25年的跟踪研究发现结果如下。

3%有清晰并且长期目标的人，大多不曾更改过自己的人生目标，始终朝着一个方向不懈地努力。25年后，成为了社会各界的顶尖成功人士，他们中不乏白手创业者、商界领袖、社会精英。

10%有清晰但比较短暂目标的人,大都生活在社会的中上层。他们的共同特点是,短期目标不断被达成,生活状态稳步上升,成为各行各业不可或缺的专业人士,如医生、律师、工程师、高级主管等。

60%目标模糊的人,基本都生活在社会的中下阶层,他们有安稳的生活和工作,但并无出色成绩,亦无大的价值追求。

剩下27%是那些25年来都没有目标的人群,他们几乎都生活在社会的最底层。他们的生活过得不如意,常常失业,靠社会救济,并且总是满腹牢骚,抱怨别人,抱怨社会。

## 拥有"希望"的三大要素

美国堪萨斯大学的临床心理学教授里克·斯奈德认为,"希望"是指人们在成功动因与路径选择交叉产生的体验中所形成的积极动机状态。

在这一概念中,"希望"至少包括三个关键要素:目标、动因和路径。

首先,"希望"是与"目标"联系在一起的,对未来充满希望的人能够设定现实而又有挑战性的目标。

与此同时,"希望"又是与"动因"联系在一起的,即拥有希望的人,既要对目标有明确清晰的认知,又要具有达成目标的能量水平和明确动机,对实现目标充满信心。

另外,更重要的一点是,"希望"不仅只是对未来的期待,还要与"路径"联系在一起,要制订切实可行的目标计划,能够选择有效的途径和方法,并且在坚定目标的引领下,当受到阻力或遇到困难时,能够及时调整策略,找到替代路径,采取新的方法。这种强烈的认知意念,能够激活人的能量和创造力,产生螺旋式上升的更高的希望。

所以，没有目标，不叫"希望"；只有目标但没有实现目标的动因，不叫"希望"；虽然有实现目标的动因，但是没有实现目标的路径，或者在遇到困难和挫折时不能够寻找到新的路径和方法，也不叫"希望"。

例如，一个员工确立了两年内职位晋升的目标，但是，如果他没有强大的动因驱使，就不会采取行动，因此，他并不具有"希望"的心理状态。进一步讲，就算他有很大的动因驱使，但这也只是"希望"的开始，他必须要有实现目标的具体路径和方法，而且，当情况发生变化时还能够及时进行调整，找到替代路径和新的方法，这样他才算真正具有了"希望"的心理状态。

下面这则小故事，可以进一步帮助我们理解"希望"的内涵。

1952 年 7 月 4 日清晨，加利福尼亚海岸弥漫着浓雾。在海岸以西 21 英里的卡塔林纳岛上，一个 43 岁的女人准备从太平洋游向加州海岸。她叫费罗伦丝·查德威克。

那天早晨，雾很大，海水冻得她身体发麻，她几乎看不到护送她的船。时间一个小时一个小时地过去，千千万万人在电视上看着。有几次，鲨鱼靠近了她，被人开枪吓跑了。

15 小时之后，她又累又冻以至手脚发麻。她觉得自己不能再游了，就叫人拉她上了船。此时她的母亲和教练在另一条船上，他们都告诉她海岸已经很近了，叫她不要放弃。但是她朝加州海岸望去，除了浓雾什么也看不到……

其实人们拉她上船的地点，离加州海岸只有半英里。后来她说，令她半途而废的不是疲劳，也不是寒冷，而是因为她在浓雾中看不到目标，心中没有了希望。

弗雷德·路桑斯教授在《心理资本》一书中认为，具有高希望水平的人具有如下特征：

一是有明确的目标与实现目标的路径；

二是下定决心实现目标并采取行动；

三是具有强大的动因，相信自己可以掌控未来；

四是在遇到困难和挫折时，能够努力寻找到新的路径和方法。

对于任何一个组织来说，拥有高希望水平的人都具有非同寻常的意义，他们能够积极创造绩效，形成强大的内在凝聚力和对外竞争力。

希望的力量

## 追寻目标：让人生充满希望

在这里需要首先说明的是，对于每一个人来说，"希望"与"愿望"虽然只有一字之差，却有着巨大的分别。追寻"目标"的过程，虽然也会有"愿望"相伴，但更需要"希望"来支撑。

"愿望"是主观性的，是一种主观意想，往往缺乏客观依据。而"希望"则具有明显的客观性，不仅"目标"本身具有客观性，而且实现目标的"动因"和"路径"也具有客观性。所以，我们可以轻而易举地许下一个"愿望"，却不能随随便便地产生一个"希望"。否则，这种"希望"也就成了一个随想起来的"愿望"了。

在现实生活中，有"愿望"的人很多，这也想要，那也想得到，但就是不努力，不积极行动，或者即使想努力却缺乏有效的路径和方法。结果，"希望"变成了"愿望"，变成了泡影。

著名诗人但丁说过，我们人类的悲哀，是生活在"愿望"中而没有"希望"。因此，一个人追寻目标的过程一定要充满"希望"，只有这样才能为自己带来巨大的幸福感。

以下方法，可以帮助你在追寻"目标"的过程中充满"希望"。

## 目标设置：清晰明确，充满挑战

目标对于人生具有重大的意义，在目标的设定上至少需要遵循三个原则。

### ◎ 目标要清晰明确，切忌模糊不清

美国财务顾问协会的前总裁刘易斯·沃克在一次接受记者采访时被问道："到底是什么因素使人无法成功？"

沃克回答："模糊不清的目标。"

记者请沃克做进一步的解释。

沃克说："在几分钟前，我就问你，你的目标是什么？你说，希望有一天可以拥有一栋山上的小屋，这就是一个模糊不清的目标。问题出在'有一天'的表述不够明确，因为不够明确，成功的机会也就不大。"

接着，沃克说："如果真的希望五年后在山上买一栋小屋，你必须先找出是哪座山，计算出小屋的价值，还要考虑通货膨胀因素，算出五年后这栋房子值多少钱。接着，你还要详细计算出为了达到这个目标，每个月要挣多少钱，而且必须做到。于是你就会真的拥有一栋山上的小屋。梦想是愉快的，目标是清晰的，实现梦想，达成目标的行动才是扎实而有效的。

我们通常讲，目标不明，劳而无功，方向不对，努力白费，就是这个道理。人之所以伟大，是因为目标伟大。没有目标的人，永远都只能给有目标的人打工。

◎ **目标既要有可行性，又要有挑战性**

目标的设置应该是具体的、可行的，但又要具有一定的挑战性。这样的目标能够激发人的兴奋和探索精神，挖掘出思维的"保留潜能"，去勇敢地面对一些令人畏惧，但又是可能实现的挑战。

富有挑战性而可能实现的目标设置，同时能够激发动机水平，做出新的选择，提升努力和坚持程度，充分调动创造意愿和能力。

在努力实现挑战性目标的过程中，我们就拥有了足够多的"试验"机会，不经风雨不见彩虹，远见决定高度，新的更高的希望就会召唤我们做出更大的努力。

◎ **目标要能够分解**

目标当然要遵循聚集原则，越明确越集中越有效率。但聚集不等于不能校正和分解。相反在总体目标不变的情况下，必须与时俱进，而且要进行分解，分步推进，这样才有目标的活力和牵引力。

通过将充满希望的目标进行分解，有时间上的远期、中期和近期阶段性目标，有体量上的从大到小渐进式目标。这些目标分解后，努力方向更集中了，达成时间缩短了，困难程度降低了，成就感、价值感增强了，动力和效果也就加大了。

## 动因水平：置之死地而后生

一个目标是否能够实现，一方面取决于目标本身的设置是否合理，取决于你是否拥有与目标相匹配的能力和资源；另一方面，更取决于你是否能够聚集足够的能量水平，是否具有实现目标的决心，并在行动上全力以赴。

所以，有时候果断地"截断资源"，将自己置于困境，反而能够"置之死地而后生"，从而孕育出较高的希望水平。

下面这两个故事也许能够给我们以启示。

### 猎鹰的故事

有一个国王收到了来自阿拉伯的礼物——两只威武的猎鹰。国王非常喜欢，就把它们交给自己的首席驯鹰师进行训练。

几个月过去了。驯鹰师报告说，其中一只猎鹰已能傲然飞翔，另一只却没有半点动静，从来到王宫的那天起就待在树枝上纹丝不动。国王召集了各方的兽医和术士，令他们设法让这只猎鹰飞起来，但所有人都是无功而返。无计可施的国王突然想到"也许我需要一个熟悉野外环境，对自然了解更多的人来帮我解决这个问题"。于是国王叫人去找了一个农夫进宫。

第二天早晨国王出来一看，那只不可救药的猎鹰正盘旋在御花园的上空。他兴奋地对大臣说："把那个创造奇迹的实干家给我带来！"

国王问："你到底用了什么方法让这只猎鹰飞起来的？"

农夫谦恭地回答："陛下，我的方法很简单，就是砍断那些树枝。"

我们每个人的心灵上都有一双翅膀，能够带我们自由翱翔。但我们往往忽略了它的存在，固守在现有的环境和领域里，为了安全和舒适，抓着熟悉的东西不放，从而失去了探寻精彩世界的能力。

斩断束缚我们的"枝条"，我们就能朝着新的希望展翅高飞！

## 奶牛的故事

很久以前，一个经验丰富而睿智的老师为了向他的一个学生传授获得成功并且快乐生活的课程，决定带着这名学生长途跋涉，去一个最贫穷的山村看一看。最后他们到达了一个前不着村后不着店的小村子，在这里看到了一间最为矮小、最为破旧的房子。

这个随时都可能坍塌的小窝棚，坐落在整个村落的最边缘。毫无疑问，它的主人肯定是村里最贫困的人了。当师生二人走进屋里，立即被眼前狭小的空间震呆了——不足14平方米的地方，竟然住了一个8口之家。在如此拥挤的条件下，父亲、母亲、4个孩子，还有祖父母，都尽自己最大的努力给彼此多腾出哪怕是一点点的空间。

当他们走出这间房子的时候，发现这个家庭拥有一头奶牛。这头奶牛可能是使这一家人不至于陷入断粮绝路的唯一支撑。

这位年轻学生并不清楚导致这个家庭如此贫困的原因。

老师朝那头奶牛走去，从随身携带的刀鞘中拔出一把匕首。此时学生看到了令他难以置信的一幕：老师迅速将手里的匕首刺入那头母牛的喉咙。这致命的一击，令那只可怜的牲口瘫倒在地。

一年以后的某天，他的老师突然提议再次回到那个小村子，去看看那户人家过得怎样。即使事情已经过了这么久，学生还是不明白老师当时行为的用意何在。

两个人再次到达那个村庄，却找不到以前那座矮小破旧的小窝棚了，代替它的是一座崭新而且漂亮的新房子。他们停下来仔细观察，才确信这正是他们要找的地方。

学生轻轻叩响了大门。一会儿工夫，一个看上去精神爽朗的男子打开了门。站在他们面前的正是一年前小窝棚里的主人，脸上洋溢着灿烂的微笑。

学生简直不敢相信自己的眼睛。这怎么可能呢？在这一年的时间里，究竟发生了怎样的事情？

男主人见学生如此诧异，顿了顿说道：去年悲剧发生后，我们清醒地意识到，除非我们做点别的什么，否则处境只会越来越糟。于是就在房子后面开辟了一块空地，撒下一些种子，种起了蔬菜。过了一段时间，我们发现，这块地里收获的蔬菜，竟然比我们自己需要吃的还要多。我们就把剩余的部分卖给邻居们，有了钱购买更多的种子，不久以后，我们不仅有了足够的食物，还可以把多余的菜拿到镇里的市场上去卖，赚了更多的钱。

学生被男主人讲的故事所震惊。他终于明白了他的老师想要传授的课程：那头奶牛的死，并不像他所想象的那样是一家人生活的终结，恰恰相反，是他们获得转机进行新生活的开始。

学生站在那里，陷入了沉思：我们每个人的生活中都有属于自己的"奶牛"在限制着我们的思维，捆绑着我们的手脚，由于背负着这些由自己的偏见、逃避和恐惧所构筑起来的沉重负担，越走越困难，直至跌入人生的谷底。不幸的是，我们还有很多自欺欺人的借口在为自己辩护，从而把我们与平庸紧紧地拴在了一起。成功的敌人往往不是失败，而是平庸。

在现代欧美社会，父辈在教育子女方面通过"截断资源"培养和激发孩子奋斗精神的做法就很盛行，世界曾经的首富沃伦·巴菲特的儿子彼得·巴菲特的成功，就是一个典型案例。

　　彼得·巴菲特 17 岁进斯坦福大学学习，他的父亲沃伦·巴菲特就对他说：你必须要用你自己的努力和成绩来证明自己的优秀。彼得从此开始埋头读书，仅用一年多时间就修完学校全部 20 门基础课程。

　　彼得 18 岁以后，父亲就停止了对他生活费的供给。他身无分文，只得卖了祖父曾转让给他的 9 万美元公司股份，搬去旧金山，租了一间小房子，成立自己的工作室，开始投身音乐创作。

　　父亲这时又告诫他：一定要学会用自己挣的钱去做更大的梦。彼得以作曲为生，为了扩大自己的事业，他准备组织自己曲目的巡回演出，但这需要一大笔钱，于是他平生第一次向父亲开口借钱，父亲却回绝了他：金钱会将我们纯洁的父子关系变得复杂，你应该凭自己的能力去贷款。他只得四处筹款，终于由自己策划、编写、制作的音乐舞蹈剧《魂》，在华盛顿国家广场盛大演出。然后又出了数张专辑，为多部剧作配乐，终于获得了美国电视界最高荣誉"艾美奖"。

### 路径选择：车到山前必有路

　　在努力实现目标的过程中，遇到障碍，感到失望，这在当今不断变化、激烈竞争的环境中是不可避免的。因此，找到能够维持和增强希望的备选途径就变得至关重要了。

　　在"奶牛"的故事中，当主人公的奶牛被杀了之后，他们的人生跌到了谷底，于是就选择了新的路径：在房子后面开辟了一块空地，撒下一些种子，种起了蔬菜。过了一段时间，他们发现，新的路径不仅让他们拥有了足够的食物可以自给自足，还可以把多余的菜拿到市场上去卖。于是，他们的人生"希望"水平得到了提升。

　　在彼得·巴菲特的故事里，当父亲停止供给他的生活费后，他卖了祖父留给他的仅有的公司股份成立工作室，投身音乐创作。当他为了扩大自己的事业向父亲借钱被拒绝后，他贷款筹措资金组织巡回演出，这也是新的希望对他的呼唤。

关于目标与路径的关系，柳传志曾有过精彩的论述，他说，在中国经营企业不仅要有目标，而且要善于变通路径。有的企业之所以倒下，是因为一旦确定路径之后，往往被路径所束缚，不愿意变通，不愿意妥协，不愿意改变，结果反而忘记了自己的真正目标是什么。

柳传志经营联想的成功，除了有执着的目标追求，善于根据不同时期的情况及时变通路径，应该是其中一个重要的原因。例如，作为国企出身的联想集团，股权问题非常敏感，但要解决新老交替问题又无法回避。如果在条件不成熟时执意推行，不仅不能解决问题，而且有可能葬送联想。所以，柳传志策略性地选择了先走"分红权"的路子，随着条件不断成熟，最终有效地解决了股权问题。

因此，是否具备路径的选择能力，直接决定着一个人的"希望"水平。

"老干妈"的创业故事是一个关于路径选择的非常成功的案例。

1989年，陶华碧用省吃俭用积攒下来的一点钱，在贵阳市的一条小街上开了一家专卖凉粉和冷面的小餐厅。为了招揽生意，她特地制作了一种麻辣酱，作为凉粉的佐料，客人都很喜欢，生意随之红火起来。

后来，她发现客人来小餐厅吃完凉粉后，又买麻辣酱带回去，甚至有人只买麻辣酱不吃凉粉。

她觉得蹊跷，就到别的凉粉冷面馆看了看，发现有几家都是从她那里买去的麻辣酱。生意被别人抢走了，怎么办？她并没有为了去与别人竞争而不卖麻辣酱，而是自己从此放弃做凉粉生意，专卖麻辣酱。

经过一段时间的准备，陶华碧舍弃了苦心经营多年的餐厅，于1996 年 7 月正式办起了食品加工厂，专门生产麻辣酱，定名为"老干妈麻辣酱"。就这样，一个驰名全国的品牌诞生了。

迈克尔·乔丹是一个拥有强大"路径力"的人。网上流传着关于他如何"有办法"的故事，激励着许多人生发出自己的"希望"。

13 岁那年，父亲有一天突然递给他一件旧衣服，希望他能够想办法将它卖到两美元。开始时，乔丹认为"只有傻子才会买！"后来，在父亲的启发下他才愿意试一试。他很小心地把衣服洗净，没有熨斗，他就用刷子把衣服刷平，铺在一块平板上晾干。第二天，他带着这件衣服来到一个人流密集的地铁站，经过六个多小时的叫卖，居然卖出了这件衣服。他紧紧攥着两美元，一路奔回了家。从这以后，每天他都热衷于从垃圾堆里掏出旧衣服，打理好后，去闹市里卖。

如此过了十多天，父亲突然又递给他一件旧衣服说："你想想，这件衣服怎样才能卖到 20 美元？"他心里想，怎么可能，它至多值两美元。但是，在父亲的再一次启发下，他开动脑筋，又想到一个好办法。他请自己学画画的表哥在衣服上画了一只可爱的唐老鸭与一只顽皮的米老鼠。他选择在一个贵族子弟学校的门口叫卖。不一会儿，一个管家为他的小少爷买下了这件衣服，那个十来岁的孩子十分喜爱衣服上的图案，一高兴，又给了他 5 美元的小费。25 美元，相当于他父亲一个月的工资。

回到家后，父亲又递给他一件旧衣服："你能把它卖到 200 美元吗？"父亲目光深邃，他与父亲对视了很久。这一回，他没有犹豫就接过了衣服，并开始思索。两个月后，机会终于来了。当红电影《霹雳娇娃》的女主角拉佛西来到纽约做宣传。记者招待会结束后，他猛地推开身边的保安，扑到了拉佛西身边，举着旧衣服请她签名。拉佛西先是一愣，但是马上就笑了，没有人会拒绝一个纯真的孩子。拉佛西流畅地签完名。乔丹笑着说："拉佛西女士，我能把这件衣服卖掉吗？""当然，这是你的衣服，怎么处理完全是你的自由！"他"哈"的一声欢呼起来："拉佛西小姐亲笔签名的运动衫，售价200美元！"经过现场竞价，一名石油商人以1200美元的高价买了这件运动衫。

这个故事说明，只要开动脑筋，办法总是有的。一件只值一美元的旧衣服，都有办法"高贵"起来。我们每一个人还有什么理由妄自菲薄呢？只要对未来充满"希望"，你的生活就一定会更好！

下面这个平凡的故事，同时能够给我们深刻的启迪。

一位男青年没有考上大学，父母给他找了一个老婆结婚。

婚后，他在本村小学教书，一周不到就被学生轰下讲台。回到家后，老婆为他擦了擦悲伤的眼泪，安慰他说：肚子里有东西，有的人倒得出来，有的人倒不出来，不要伤心，也许有更合适的事情等着你去做。

后来，他外出打工，又因动作太慢被老板撵回了家。他老婆还是安慰他：动作有的人快，有的人慢，慢点怕什么？也许有些事情就是要慢慢做呢！

再后来，他又去应聘了几个职位，仍是半途而废，无功而终。然而他每次沮丧地回到家时，老婆都是安慰他，鼓励他。

三十岁时，他凭着自己的手语天赋做了聋哑学校的辅导员，后来，又开办了一所残障学校，再后来，还开办了残障人用品连锁店。几年时间成为拥有几千万元资产的老板。

有一天，功成名就的他问老婆：我以前自己都觉得前途渺茫时，你怎么总是对我这么有信心呢？他老婆平静而朴素地回答：一块地不适合种麦子，可以试着去种豆子；豆子也长不好，再去种瓜果；如果瓜果也没有收成，就撒一些荞麦的种子，总是能够开花的。

听了老婆的话，他落泪了……

拿破仑说过，世界上没有废物，只是用错地方。这个男子的老婆，是一个"希望"水平很高的人，总是心存目标，充满希望地去激发丈夫的内心动因，寻找到新的途径和方法，最终必然能够走向成功。

## 积极行动：一切皆有可能

这个世界并没有你想象得那么复杂，如果思前想后，想来想去，一切希望都会成为泡影。所以，积极行动是让自己充满希望的最直接的方法。

桑格格是一位畅销书作家，很多人都看过她的那本自传体小说《小时候》。但在桑格格还十分年轻的人生中，她远不止是一位作家，她还做过演员、电台的节目主持人、广告模特等。有人问她：你怎么能做那么多事情呢？她回答：很简单，去做就可以啦。

桑格格12岁那年想当演员，一天梳了一个自以为很时髦的发型，就跑到峨眉电影制片厂，问需不需要演员，就这么巧，当时峨眉厂准备投拍一部《独龙族文面女》的电影，正缺一位与她年龄相仿的小演员，于是她轻而易举就获得了这个机会。

后来她想当节目主持人，自己录了一盘主持节目的磁带，送去电台，电台听后觉得不错就把她招了进去。

再后来她写书，也是想写就写。写完放到网上，没想到很多人喜欢看，出版社主动找上门来为她出版，使她一举成为畅销书作家。

演员、节目主持人、作家，这些都是很多人可望不可及的，桑格格却能够频频成功。原因是什么？她说：其实没有那么复杂，你想要做什么，就直接朝着目标走，不要往两边看，直直地走，就行了。这恰恰是一个成功者与其他人遇事左顾右盼、畏缩不前的最大区别。

史蒂芬·柯维的《高效能人士的七个习惯》一书中，第一个习惯就是"积极行动"。因为行动是一个人学习成长最有效的方式，在知识转化为能力的过程中，"听"能吸收10%，"看"能吸收20%，"做"则能吸收70%。在"行动管理"中，我们强调的是"没有做不成的事，只有做不成事的人"。由此我们可以得出以下三点结论：

一是，人的行为目标越集中，越直接，效率越高；

二是，做了一切皆有可能，不做永远不可能；

三是，当你真正想做一件事情的时候，全世界都会帮你！

## 追寻目标：获得持续的幸福

虽然追寻目标的过程和目标的最终实现可以为人们带来幸福，但是，这也并不意味着一定能够为人们带来持续的幸福。所以，我们不只是要追求目标，而且要追求"好"的目标。

你要学会辨明哪些目标会给你带来持久的幸福感，然后立即行动起来，从而让追求"好"目标的行动为我们带来持续的幸福。

那么，我们到底应该追求什么样的目标呢？

美国加利福尼亚大学心理学教授索尼娅·柳博米尔斯基通过大

**追寻目标：让人生充满希望**

量的应用性研究发现，一个人要想获得持续的幸福，应该追求内在目标、真实目标、趋近目标、行动目标、灵活与合理目标，而且要保持各个目标的"和谐一致"。

## 追求内在目标

心理学研究表明，无论在哪种文化中，只有当目标反映了一个人的内在需求和内在价值时，人们才会获得更多的幸福感和满足感。例如，选择度假的目标对很多人来说往往是一个人愿意追求的内在目标。在度假期间，你可以选择去旅游，做慈善活动等。做这些事，不仅是因为你对它们感兴趣，而且是因为它们会给你带来欢乐和意义，自然容易产生持续的幸福感。

与此相反，外在目标更多地反映他人对你的认可和期望，或者来自外界及同伴的压力。例如，追求金钱、权力和名誉等。虽然追求外在目标并非不能带来快乐，但是，从总体上讲，人们追求外在目标只是达到目标的一种手段。

## 追求真实目标

很多人的目标并不是自己选择的，更不是自己真正重视的，而是其他人（比如父母、爱人等）喜欢的。这样的目标由于不是自己自主决定的，所以，经常是不真实的。

真实的目标是指符合一个人内心的永久兴趣以及核心价值观的目标。研究表明，当人们追求自己的真实目标时，他们会感到更幸福、更健康，也更愿意为之付出努力。而且，在真实目标实现后，他们的幸福感会大大提升。

## 追求趋近目标

如果你正在为之奋斗的目标能够帮助你一步步实现你的梦想，通常这个目标就是趋近的目标；相反，如果你正在为之奋斗的目标只是为了回避某些不良后果（如减轻愧疚感、避免和女朋友争吵等），通常这个目标就是回避性目标。

研究表明，经常追求回避目标的人其幸福感通常都不强，而且容易产生焦虑、抑郁的情绪，健康状况也不太好；而那些追求趋近目标的人则呈现出健康、积极的状态。

追求趋近目标的人，很容易就能够确定一条明确的实现路径，例如，保证一日三餐饮食健康；相反，对于一个回避性目标，人们通常需要很多条件才能实现，如不吃甜点、避开各种美食诱惑等。而且，回避性目标容易让人产生负面情绪，消极地看待事情，甚至会对恐惧和失败过度敏感。有时候，你越害怕什么，就越有可能遇到什么。

## 追求行动目标

研究表明，当你为了改善生活环境和生活条件而努力时（如购买高清电视、搬家等），在目标实现后，你当然会感到幸福。但是，你可能很快就适应了新环境，很快就产生更大的欲望。

假如你的目标是一项行动（如参加荒野俱乐部、义务献血等），那么在努力实现目标的过程中，你会不断地遇到挑战和新的机会，获得各种各样的体验。因此，尝试从事一项新活动、一项你重视的行动，会让你获得持久的幸福，带给你更多快乐。

## 追求灵活与合理目标

对每一个人来说，在不同的年龄阶段，"重要的事"是不同的。例如，完成学业、结婚、买房、生儿育女、退休等。所以，如果我们制订的目标灵活，符合"在合适的时间做正确的事"，我们就会获得最大的幸福。例如，年轻人的目标更倾向于获取新信息、学习新知识、体验新事物，而随着年龄的增长，人们会越来越看重精神上的满足。

## 保持目标和谐

如果一个人同时追求的两个目标互相矛盾，如既想创建自己的事业，又想参加户外活动，那么，在努力实现目标的过程中，你不仅会感到烦恼、失去信心、压力重重，还会导致两个目标都半途而废。这时，你需要改变（或放弃）其中的一个目标，或者对两个目标都做出调整，让它们能够和谐相处。

## 实战演练：管理目标，实现梦想

对于任何一个人来说，拥有"目标"固然重要，但是，拥有"正确"的目标并有效地管理好它们，则更加重要。能够管理好自己的目标，你就能够更好地实现自己的目标。

下面的练习将可以帮助你更好地管理和实现目标。

### 演练之一　你的目标清晰明确吗？

**第一步　列举并选择你的目标**

你可能同时拥有多个不同的目标，但是对你来说，其中一定有一些目标比另一些目标更重要。请认真思考当前或近期对你来说比较重要的"目标"（最好不少于 5 个），它们包括但不限于打算、愿望、预期、期望等。

目标 1：_____

目标 2：_____

目标 3：_____

目标 4：_____

目标 5：_____

目标 6：_____

目标 7：_____

目标 8：_____

**第二步　筛选你的目标**

根据对自己的重要程度，请从以上目标中筛选出最多 3 个对你自己非常重要的目标。

目标1：＿＿＿＿＿＿＿＿＿＿＿＿＿＿＿＿＿＿＿＿

目标2：＿＿＿＿＿＿＿＿＿＿＿＿＿＿＿＿＿＿＿＿

目标3：＿＿＿＿＿＿＿＿＿＿＿＿＿＿＿＿＿＿＿＿

### 第三步　评估你的目标

拥有清晰明确的目标是拥有较高"希望"水平的前提，通过填写下表，你可以评估自己的目标是否清晰明确。

表6-2　目标评估表

| 目标描述 | 目标评估 | | 目标分解 |
|---|---|---|---|
| | 评估维度 | 评估结论 | |
| 目标具体描述 | 1. 目标是否可以量化？ | | 按照不同步骤对目标进行分解，具体说明在什么时间内完成的小目标是什么 |
| | 2. 目标是否可以用明确的指标进行衡量？ | | |
| | 3. 目标是否兼具可行性和挑战性？ | | |
| | 4. 目标是否与个人定位具有高度相关性？ | | |
| | 5. 目标的完成是否有明确的时间安排？ | | |

对目标的总体评估结论：

### 演练之二　你的目标能够为自己带来持续幸福吗？

目标是否明晰，是我们对目标的基本要求，如果从是否能够提升幸福的角度，我们还需要对目标进行更多的分析。

认真分析一下你上面所写的目标（特别是你认为对自己非常重要的目标），对照下表看看它们分别属于哪个类别。

表6-3　目标分析一览表

| （A类）目标特征及具体描述 | | （B类）目标特征及具体描述 | |
| --- | --- | --- | --- |
| 内在目标 | 反映个人内在需求和价值的目标 | 外在目标 | 反映他人对你认可和期望的目标 |
| 真实目标 | 自己真正重视并选择的目标 | 非真实目标 | 你的亲人或朋友喜欢的目标 |
| 趋近目标 | 能够让你一步步实现自己梦想的目标 | 回避性目标 | 为了回避某些不良后果的目标 |
| 行动目标 | 尝试从事一项新行动、新活动 | 环境目标 | 为了改善生活环境设立的目标 |
| 灵活/合理的目标 | 符合"在合适的时间做正确的事" | 古板/不合理的目标 | 不符合"在合适的时间做正确的事" |
| 目标和谐一致 | 同时追求的目标相辅相成 | 目标彼此冲突 | 同时追求的目标彼此冲突 |

　　有价值、有意义的人生目标才是最重要的，当然能够同时带来快乐更好。如果你的目标有任何一条符合右栏的特征，那么你可以修改目标或者做出调整，不要把它当作重要的人生目标。

　　要是你通过分析，发现自己竟然没有有意义的人生目标，也不必灰心丧气，你可以通过问类似下面的问题来帮助自己重新寻找。

　　"自己去世后，到底想为这个世界留下什么？"

　　"你希望孩子长大后拥有什么样的生活？希望他们成为什么样的人？拥有何种价值观？能够实现哪些目标？"

　　……

　　通过思考并回答类似以上的问题，促使自己重新审视自己的生活和重要的人生目标。你可以反复修改完善自己所写的内容，直到自己满意为止。自然而然地，你就会找到属于自己的人生目标，并且让目标变得更有价值。

需要特别强调的是，从追求幸福的角度来说，幸福源于追求目标的过程，不一定非要实现目标才算成功，关键是要认为目标有意义，并且在追求目标的过程中充满快乐。

### 演练之三　你拥有"能量水平"和"路径力"吗？

在实现目标的过程中，当你遇到困难和挑战时，你是如何考虑的？你是否能够汇集足够的能量水平？你设想和采取了哪些解决问题的路径和方法？问题最终的解决结果如何？

通过填写下表，可以评估一下你的"能量水平"和"路径力"。

表6-4　"能量水平"和"路径力"评估表

| | |
|---|---|
| 1. 描述你曾经遇到的一项较大的困难和挑战？ | |
| 2. 描述遇到困难和挑战时，你都想了些什么？ | |
| 3. 列举你设想了哪些解决问题的路径和方法？具体采取了哪些措施？ | |
| 4. 问题最终解决的结果如何？ | |

对自我"能量水平"和"路径力"的评估结论：

## 下篇　"幸福"的环境

福环境是福的音符的

# 引言　幸福是"环境"影响的

一个人"幸福"与否，除了在幸福基因方面天生就存在差异外，主要还取决于每个人在后天形成的"思维方式"和"行动力"。与此同时，不同"环境"对每个人幸福感提升的作用也非同小可。

专家研究表明，一个组织当中，如果有负面情绪（如经常抱怨）的人超过三分之一，人们就会感觉到很不舒服。如果你处在这样的组织环境之中，要想"幸福"起来当然比较费劲。因此，从某种意义上讲，幸福也是环境影响的。

专家研究发现，和谐的组织氛围不仅有助于人们保持"积极思维"或采取"幸福行动"，从而提升个人幸福感，而且能够有效提升个人绩效和组织绩效。

# 第七章 扎根人本，和谐氛围

十几年前，北京某知名大学一位非常有名的人力资源教授在广州举办讲座，在谈到"以人为本"时，他很气愤地说，提出"以人为本"的人真是无知，企业是经济组织，就是要业绩，怎么可能"以人为本"！当时，我虽然觉得很惊讶，但并没有多想，而且当时真正重视"人本"的企业也非常少见。

十几年以后的今天，情况已发生了巨大的变化，特别是当"80后""90后"已成为主要劳动力之后，如果你还认为企业不需要"以人为本"的话，真的有可能会被认为是"弱智"。因为满足员工的人本需求，激发员工的人本动力，已成为很多企业人力资源开发的"秘密武器"。通过人本激励，这些企业的员工已低成本高效率地创造了惊人的绩效。

本章我们将重点探讨通过扎根人本需求，创造和谐环境，激发人本动力的具体方法。

## 扎根人本：环境"和谐"生动力

每个人都处在特定的环境当中，当这个环境"和谐"的时候，你会感受到一种特别的力量，你会自发地产生对环境的"归属感"。

因此，创造和谐的人文环境可以有效地激发出人本动力，可以大大提升一个人的幸福感。

## 一位实习大学生的强烈感受

下面这件事，是十几年前本书作者朱先春先生的亲身经历。

当时我任一家公司的董事总经理，该公司主要从事网络英语教育。由于工作需要，我们招聘了一批英语专业的实习生，主要从事网络课件内容的编写。由于我本人比较"温和"，与他们相处得不错，整个团队氛围营造得和大学里差不多，大家感觉很好。

有一天，一位来自广东外语外贸大学的学生告诉我，之前他在一家外贸公司实习，每天上班花在路上的时间和现在差不多。由于原来那家公司的氛围很差，大家互相钩心斗角，很不团结，因此，她非常不喜欢那家公司，每天去上班一个小时左右的路程总感觉需要很长的时间，就像被迫去上班一样。而现在，每天早晨起来，一想到要过来上班，心里就充满快乐，同样时间的路程好像不一会儿的功夫就到了。

上面这件事令我印象十分深刻，因为当时他并没有得到多少物质上的激励，却能够表现出如此积极的状态，实际上是"人本激励"起了很大作用，只是当时我并没有从这个方面去考虑而已。

## 员工人本需求与行为特征

美国沃顿商学院的一项研究发现：尽管企业员工的具体需求千差万别，但是，满足员工需求的三大关键要素却是一致的，那就是追求"公平、同事情谊和成就"。其中，"同事情谊"从本质上讲是指员工对企业的"归属感"。能够满足员工的关键需求，就能形成良好的员工感知，员工就能够表现出企业所期望的行为特征。

基于沃顿商学院的研究，通过分析和总结，我们将员工的人本需求进一步归纳为公平公正感、归属感和成就感。满足这三大"人本需求"，员工对应表现出的行为将分别具有"稳定性""主动性"和"进取性"的特征。

"员工人本需求"与"员工行为特征"之间的逻辑关系见下图所示。

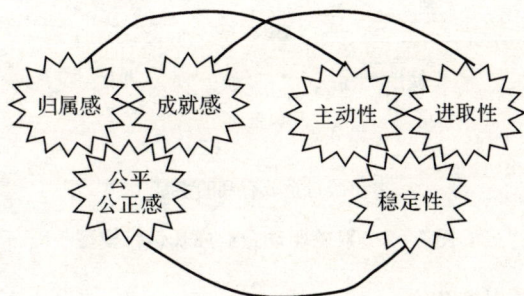

图 7-1    "人本需求"与"行为特征"

从上图可以看出，如果一个组织的氛围良好，员工就能够表现出企业所需要的相对应行为。对于企业来说，具有稳定性、主动性和进取性的员工可以创造良好的组织绩效。而对于员工个人来说，除了可以提升个人绩效，还能够同时提升员工的幸福感。

### 压力绩效与动力绩效

在《企业驱动三大方法》一书中，我们提出企业发展的驱动力分别来自"战略驱动""机制驱动"和"人本驱动"三大方面。其中，"战略驱动"当然具有无法替代的作用。但是，即使再"正确"的战略最终都必须落地实施。因此，如何通过"机制驱动"和"人本驱动"保证"企业战略"落地，则是企业运用驱动系统时需要同样重视的另一个问题。

从本质上讲，企业"机制驱动"侧重传递"压力"，而企业"人本驱动"侧重激发"动力"。"压力"有可能转化为"动力"，也有可能变成"负动力"。因此，如何有效地驱动"双轮"，保持动态平衡，将直接影响驱动系统的效果。

被迫做能够实现目标的事情

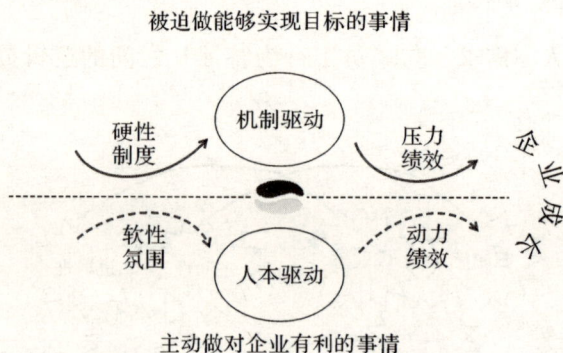

图7-2 双轮驱动企业成长运行模型

从上图可以看出：

"机制驱动"更多地体现为企业"制度化"和"流程化"的安排，以激发员工完成"特定目标"和"特定任务"为主要目的，带有很大的"强迫"成分，所以，其表现出来的主要是"压力绩效"特征。

"人本驱动"更多地体现为"软性氛围"的营造，是以激发员工的"组织公民"行为为主要目的，鼓励员工发自内心地主动做对企业、对社会有利的事，不存在"被迫"的成分，所以，其表现出来的主要是"动力绩效"特征。

虽然从结果上讲，"压力绩效"和"动力绩效"都能够促进企业快速成长，但是，如果"压力"过度，员工的行为将很难持续，有时甚至会转化成"消极"行为。所以，作为驱动企业成长的"双轮"，我们需要把握好两者的动态平衡，既不能"压力过度"，也不能"压力全无"。有了"双轮驱动"系统,"战略驱动"才会有持续的着力点,才能共同形成系统的力量。

## 指标导向: 人文环境测评分析

深圳移动公司早在 2006 年提出了一个非常创新的构想:能否通过构建一套"指标体系"将分散在党群、工会等不同部门的软性管理工作"科学化"和"系统化",这样既能够保证软性管理与经营管理工作有机结合,避免"二张皮"现象;同时又能够实现软性管理工作的"可操作化",从而减少对个人经验的依赖。

根据这一命题,在广州道为咨询公司的协助下,很快构建形成了一套"企业和谐人文环境指标体系"及测评调查问卷。经过几年的使用和不断完善,最终升级为与企业"关键绩效指标(KPI)"相对应的"关键和谐指标(KHI)",并在广东移动公司全省范围内推广使用。"KHI"与"KPI"已被称为企业成长的双轮驱动系统,受到许多企业的高度重视并引用。

下面我们将具体介绍关键和谐指标(KHI)体系的构建和使用方法。

### KHI 体系:"三个维度"与"四个视点"

关键和谐指标(KHI)构建的基本理论依据是要能够促进企业和谐,包括企业内部和谐和企业内外之间的和谐。

为此,在理论上我们提炼出三个基本"维度"和"四个视点"。如图 7-3 所示。

三个维度包括:

(1)员工幸福度维度。

（2）员工敬业度维度。

（3）社会责任心维度。

四个视点包括：

（1）人本工作视点。

（2）人本团队视点。

（3）人本成长视点。

（4）社会责任视点。

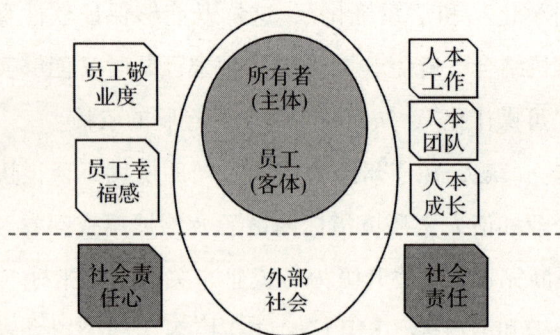

**图7-3　KHI体系**

企业内部和谐实际上是老板（或管理者）与员工之间的和谐，因此，纯粹站在员工个人角度，员工希望得到的是个人幸福度；纯粹站在老板（或管理者）的角度，老板（或管理者）希望得到的是员工敬业度。集中在同一个员工身上，如果既有幸福感又具有相应的敬业度，这时企业内部老板（或管理者）与员工之间就处于"和谐"状态。

企业内外之间的和谐实际上是企业作为社会公民与社会之间的和谐，因此，内外之间是否和谐的主要衡量维度就是企业是否具有社会责任心。当一个企业不愿意履行社会公民责任的时候，内外之间就不和谐；当企业自觉履行社会责任，具有很强的社会责任感的时候，内外之间就会比较和谐。

基于企业和谐的内在机制，我们从"人本工作、人本团队、人本成长和社会责任"四个视点来分析和评估员工的人本需求，构建形成一整套测评指标体系和测评问卷。

## KHI体系：测评指标与测评问卷

基于企业和谐理论模型，我们就可以具体分解和提炼企业关键和谐指标（KHI），制作测评分析问卷，最终就形成了企业关键和谐指标（KHI）体系。

关于四个视点及指标提炼（示例），详见下表。

表7-1　企业和谐四个视点与KHI提炼

| 视点 | 视点说明 | 指标提炼示例 |
|---|---|---|
| 人本工作 | 主要基于工作过程，从人与工作的角度提炼相关指标 | 如"工作压力关注度" |
| 人本团队 | 主要基于人际之间，从人与人和谐相处角度提炼相关指标 | 如"员工关爱满意度" |
| 人本成长 | 主要基于员工成长，从现在和未来的角度提炼相关指标 | 如"个人成长关注度" |
| 社会责任 | 主要基于社会责任，从履行企业公民责任角度提炼相关指标 | 如"社会形象美誉度" |

结合不同企业的实际情况，从四个视点出发，按照一定的流程和方法，我们就可以分别提炼出不同视点的相关指标，组合形成本企业的KHI（关键和谐指标）体系。

在指标提炼的过程中，我们需要重点关注"人本需求"和"人本需求"被满足的情况。

例如，"工作压力关注度"指标，重点关注的并非客观压力本身，而是如何减轻员工对"工作压力"的感受。很有可能客观压力不变甚至加大，但由于企业管理者采取了有效的方式减轻了员工的压力感，因此员工感受到的实际压力并不大，甚至大大减轻。

又例如，"员工关爱满意度"指标重点关注的是员工对企业的关爱内容和关爱方式的满意程度。很有可能出现的情况是，原来企业花了不少人力和物力关爱员工，但员工并不领情。

当企业构建一套 KHI（关键和谐指标）体系之后，接下来就要配套形成一套测评问卷。通常一个指标下会有 2~3 个测评问题，测评问题下设若干选项（通常为6级量表）。如果某一选项员工满意度很低，可配套设计原因选项进行原因收集和分析。

整个测评问卷建议为 40~60 道测评问题。

以下是某公司测评问卷示例。

**Q1　我能够承受目前的工作压力（单选）**

  A. 非常同意　　B. 同意　　C. 有点同意　　D. 有点不同意

 E. 不同意　　F. 非常不同意

如果你认为你不能承受目前的工作压力，主要原因是（可多选）：

（1）工作任务过重，工作完成时间要求紧，工作要求标准过高

（2）不适应上级的领导风格和管理方式

（3）同事之间人际关系比较紧张，工作氛围压抑

（4）工作与生活之间难以平衡

（5）其他（请填写）：_____

通过构建关键和谐指标（KHI）体系和测评问卷，我们就可以进一步构建形成网络化的测评系统，然后就可以低成本、高效率地随时或定期进行企业及其他相关组织人文环境测评，并基于测评分

析发现的问题进行改进提升。

## KHI 体系：测评分析与问题诊断

组织员工进行测评后，基于员工测评数据，我们就可以分析形成详细的测评分析报告。

通过测评分析，我们既可以了解公司在人文环境方面的总体优势，也能够了解公司在人文环境方面的总体劣势；既能够了解公司存在的具体问题，也能够了解问题的具体形成原因；既可以就不同部门和不同单位之间进行横向对比，也可以就不同人群之间进行分类对比……

根据测评分析，我们可以有效地定位公司存在的问题。

例如，某公司在"人本工作"维度的测评得分比较低，其中得分最低的指标是"工作压力关注度"，反映出的问题是管理者只管压任务，没有采取任何减压措施。

又例如，某公司在员工"人本成长"维度的测评得分比较低，其中问题主要反映在公司对员工的职业发展问题关注不够，为员工提供的发展机会太少，公司内的晋升过程缺乏公平合理性等方面。如图 7-4 所示。

从该图可以看出，公司的十个短板问题主要集中在"人本工作"和"人本成长"两个维度，具体表现如下。

◎ **工作压力过大**

部分员工认为自己承担的工作已经超出了自己的承受能力，但是上级领导既没有表现出对自己工作压力的"理解"，更没有采取有效措施减少自己的超负荷工作。与此同时，部门员工认为不同团队之间的相互支持不到位，需要加强。因此，员工感受到的工作压力比较大，需要得到关注和改善。

| Q1.我所承担的工作在我的承受范围之内。<br>Q2.我的上级能够理解我的工作压力。<br>Q3.上级能够采取有效措施减少我的超负荷工作。<br>Q9.我对不同团队间的相互支持感到满意。 | |
| --- | --- |
| | 人本<br>工作 / 社会<br>责任 |
| | 人本<br>团队 / 人本<br>成长 |
| | Q20.上级能够与我讨论我的职业发展问题。<br>Q22.公司内部有适合自己的职业发展机会。<br>Q28.绩效评估结果能够客观反映我的工作状况。<br>Q30.公司内的晋升过程公平合理。<br>Q31.员工能够多渠道了解与自己相关的公司政策。<br>Q34.我的工作价值得到上级认可。 |

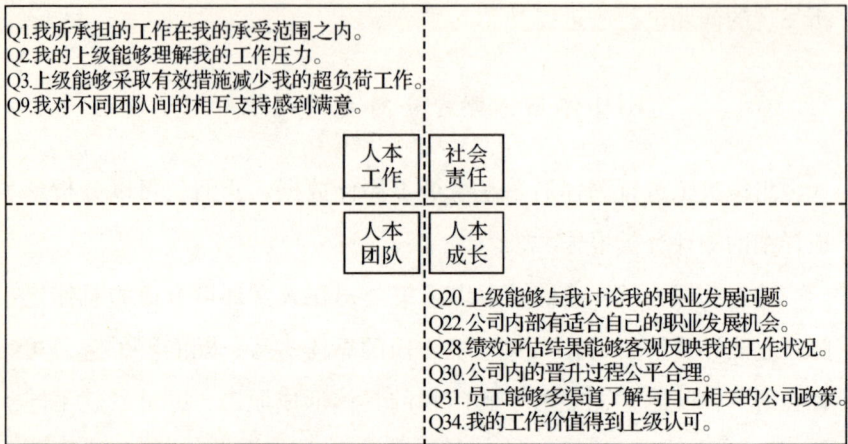

**图 7-4　某公司测评发现的十个短板问题**

◎ **对职业发展不满意**

部分员工认为上级领导没有关注自己的职业发展问题，公司内没有适合自己的发展机会，而且公司内部的晋升过程缺乏公平合理性，因此，一些员工对自己在公司的职业发展问题感到不满意。

◎ **政策透明度不高**

部分员工认为公司的相关政策对员工不透明，了解的渠道比较少。

◎**成就感需要提升**

部分员工认为绩效评估结果能够客观反映自己的工作状况，而且自己的工作价值又没有得到上级认可，因此缺乏成就感。

针对以上这些问题，公司可在进一步调查分析问题形成原因的基础上，采取相应的措施进行改进和提升。

以工作压力问题为例，如果员工觉得自己的工作压力过大，通常可以从以下方面进行原因分析：

◎ **工作任务是否过重；**

◎ 工作完成时间是否要求太紧；

◎ 工作要求标准是否过高；

◎ 是否因为不适应上级的领导风格和管理方式；

◎ 是否因为同事之间人际关系比较紧张，工作氛围压抑；

◎ 是否因为难以平衡自己的工作与生活之间的关系；

……

通过原因分析，我们就可以找准问题产生的根源，然后有针对性地采取相应措施。

## 和谐氛围：人文环境提升方法

从某种意义上讲，和谐人文环境的构建是一个扎根员工人本需求、"自上而下"的持续提升过程。在这个过程中，各级管理者必须跳出传统"管理"的局限，有意识地改变自己的领导方式和领导风格，从"人本工作、人本团队、人本成长及社会责任"等不同方面持续满足员工的人本需求，有效激发员工的人本动力，积极营造公司良好的人文环境。

下面我们将结合某公司人文环境提升案例，具体介绍公司人文环境提升的具体做法和提升效果。

### "工作压力"是这样被减轻的

某公司通过 KHI（关键和谐指标）体系测评发现，员工的"工作压力关注度"指标得分率较低，首次测评得分率仅为 68.5%，是所有指标中最低的。于是公司将本指标作为短板指标进行改进提升，公司领导要求各级管理者充分关注员工工作压力问题，要求各单位

（部门）在工作任务量不变（甚至有所增加）的情况下，通过提高工作效率、减少无效劳动、增加人文关怀等多种方式改变员工的"压力感"。

在各级管理者的共同努力下，本指标的得分率逐年上升：第二年为75%，第三年为78%，第四年为80.6%。在工作任务不降反升的前提下，员工的压力感明显改变。

以下是该公司在减轻员工工作压力方面采取的一些相关措施。

◎ 提高工作计划性，改变工作任务布置时间

财务中心经常加班，员工感到压力巨大。面对这种情况，部门领导开会分析员工压力形成原因，发现突发性工作是导致加班的主要原因之一：很多管理者在下午甚至快下班时还布置任务，结果员工只好加班。但是，有时员工在8小时内的工作量并不饱满。这种情况，无论对公司还是对个人都造成很大的浪费。

经过讨论后，部门各级领导达成共识：一方面要提高工作的计划性，尽可能做到按计划开展工作；另一方面除非极特别情况，一般不允许在下午（特别是快下班前）布置工作。

由于管理方式的小小改变，结果，第二个月员工的加班量比上月大大减少1/3以上，效果非常明显。

◎ 集中智慧制作PPT模板，减少重复工作，提升工作质量

由于公司经常开会，因此，做PPT汇报材料成为公司各部门一项经常性的工作，也成为许多人工作压力的重要来源之一。

在"工作压力关注度"指标的导向下，其中一个大部门的负责人发现，同一个部门，虽然每次汇报的内容存在差异，但是，PPT模板却可以相对固定。这样，大家就不用分别不停地做PPT，从而避免了大量重复性的工作所造成的"浪费"。基于这一发现，他组织

本部门几位PPT高手，集中智慧，经过几天的研究，制作了一个能够代表本部门最高水平的PPT模板，同时将每次汇报所需要的固定内容标准化。在此基础上，以后无论部门内谁再需要做PPT汇报材料，只需要将变动性内容加进去就行了。

经过这一小小的创新，本部门后来的汇报材料做起来又快又好，不仅质量大大提高，而且工作量也大大减少。自然地，员工的工作压力也就减小了。

这一成功经验很快成为其他部门学习的榜样，为公司其他部门员工减轻工作压力提供了良好示范。

## "工作价值"是这样被发现的

一段时间以来，某公司客户服务中心员工流失率非常高。由于人员不稳定，造成客户投诉率持续增加。

面对这一问题，公司领导组织调查小组进行调查分析，寻找问题形成原因，及时进行改进提升。结果，不到三个月，员工队伍稳定度大大提高，客户投诉率迅速下降30%以上。

公司领导在调查时发现，尽管公司客户服务中心总体上员工流失率非常高，但是，其中一个室的员工却非常稳定，而且工作状态非常积极。出现这一"奇怪"现象的最主要原因是，负责这个室的"室经理"有自己的一套"高招"。

这位室经理发现，由于员工认为自己学历低（绝大部分为大专和中专），客户服务岗位是客户的"出气筒"（来咨询的客户经常会有"无理取闹"者），工资又不高，因此，大家认为自己的工作没有价值，没有前途。于是，工作一段时间后，很多人受不了"委屈"，就纷纷离开。

针对这种情况，这位经理心里想，如果简单地劝说员工好好工作，恐怕没有什么效果。于是，他设身处地地站在员工的角度考虑，通过客户服务工作，员工到底能够得到什么。经过这么一想，他发现，员工要做好这一工作还真不容易。

当员工接到客户电话时，首先要听客户讲（判断客户的特点和客户的问题），马上要动手打开电脑，同时要对着电脑看相关数据，接着要动脑筋分析（客户为什么会投诉，应该如何回答），马上要动口讲（回答客户的问题），至少要做到"五心"齐用，这个过程需要高度集中精力。

正因为如此，如果一位员工能够很好地胜任这一工作，能够锻炼三年以上，个人的能力将会得到全面的提升，这正是客户服务工作的价值所在。

认识到这一点之后，这位室经理就反复引导员工认识自己所从事工作对个人的"成长价值"。经过这么一引导，再加上有针对性地对员工进行培训辅导，员工的工作热情迅速得到提升，离职率自然大大降低。

了解到上述情况之后，公司领导迅速在整个客户服务中心加强"工作价值"的宣传和引导，提高员工对工作价值的认知度，同时配套改善员工的生活条件，增强员工工作氛围。于是，员工的流失率和客户投诉率迅速降低下来。

## "团队氛围"是这样被改善的

对于一个团队来说，工作氛围的好坏直接影响员工的幸福感，同时更直接影响员工的工作绩效，因此，改善团队氛围是实现组织氛围和谐的重要保证。

在某公司的服务厅中，有的团队氛围很好，有的团队氛围一般，有的团队氛围很差，自然地，大家的工作绩效也明显不同。

为什么会出现这种情况？

通过调查，我们发现，在接到公司下达的指标任务后，不同服务厅完成任务的方式各不相同：有的服务厅接到公司下达的指标后直接分到每一位客户经理，由每位客户经理自己去完成；有的服务厅则不分到个人，而是组织大家共同完成；还有的服务厅虽然分到个人，但仍然组织大家共同开展活动。

结果，第一种方式大家完成任务很难，而且经常由于争客户而产生大量矛盾；第三种方式完成任务虽然也比较吃力，但情况还可以，而且大家之间矛盾也不算太大；第二种情况任务完成得最好，而且大家之间关系非常融洽。很显然，"团队式"服务厅的经营效果最好，"个人式"服务厅的经营效果最差。

发现这一原因后，公司领导及时组织各服务厅一起学习讨论，根据"服务厅"需要集体开展市场活动的特点，有效推广"团队式"服务厅的经验。由于各服务厅都积极通过"团队"的力量完成公司下达的任务目标，不同服务厅的"团队氛围"自然都得到了有效的改善，公司各服务厅经营管理能力也得到了大幅度提升。

类似以上这些改善组织氛围的措施还有很多。在"关键和谐指标（KHI）"的导向下，通过公司各级管理者的共同努力，采取各种不同的方法改变管理方式和领导风格，公司的人文环境自然就会"和谐"起来。

## 实战演练：扎根人本需求，激发人本动力

一个企业的组织氛围是否和谐，最主要的原因在于是否能够发现并满足员工的人本需求，只有员工的人本需求能够得到满足，员工才能够表现出企业所需要的行为，才能实现组织氛围"和谐"。

下面两项是关于如何发现人本需求的演练：一项是挖掘自己的人本需求；另一项是理解员工的人本需求。

### 演练之一　除了薪酬等物质需求，你还想要什么？

无论你现在的物质条件如何，先假设你已经达到了"财务自由"阶段。在这种情况下，如果公司让你提出五项"精神大餐"需求，你最想要的分别是什么？

即使是精神大餐，公司当然也要付出一定的成本，如有可能，建议让公司付出的物质成本尽可能地低一些。

表7-2　我最想得到的五项精神大餐

| "大餐"名称 | 内容说明 | 成本评估 | 备注 |
|---|---|---|---|
|  |  |  |  |
|  |  |  |  |
|  |  |  |  |
|  |  |  |  |

### 演练之二　受员工欢迎的"人本激励"方式有哪些？

在制度化、流程化管理之外，通过人本化的方式激励员工往往会收到意想不到的效果。例如，某公司原来任命中层干部，经常是

"悄悄地"进行，既没有一定的仪式，更没有适当的宣传，在员工的心目中，好像并没有什么变化，所以，自然缺少"敬佩"之情。

新任总经理到任后，发现了这一情况，及时做了一些很小的"改革"：任命中层干部时，在管理者大会上隆重宣布，总经理握手祝贺，颁发由总经理亲笔撰写寄语、公司加盖大红印章的特制聘书（十分精制），随后在公司公告栏张贴任命文件。这样小小地"改革"之后，不仅新任命的中层干部自己和员工的感觉明显不同，而且上任之后的责任意识大增，与总经理的配合度也大大提高。

类似颇受员工欢迎的"人本激励"方式，你发现还有哪些?

表7-3 受员工欢迎的"人本激励"方式

| "人本激励"方式 | 内容说明 | 主要特点 | 备注 |
|---|---|---|---|
|  |  |  |  |
|  |  |  |  |
|  |  |  |  |
|  |  |  |  |

# 第八章　幸福积分，提升幸福

海底捞一位基层员工总结说："其实，用打麻将的状态去做工作，就成功了！"

网上曾流传一篇《雕爷自述：我如何用"麻将管理法"搞定"90后"员工》的文章。文章说："每个人天性中，都是喜欢玩，而不喜欢工作。只不过，七零版人，小时候穷，心重！所以肯压抑自己，去努力工作，默默奋斗。而现在九零后小孩，成长的时候，就相对富裕了，也更会为了自由，而放弃很多物质追求。所以，如果公司能够把工作设置得天天跟玩一样，则很多管理问题，迎刃而解。"

雕爷不仅总结了自己的一套"打麻将论"，而且还在自己的公司里干起了"支桌子"的事，据说效果非常好。

这个故事讲的是如何"搞定'90后'员工"，听起来非常"新潮"。其实，如果你从"人本需求"的角度静下心来想一想，可能会有新的发现：这个故事背后的"原理"对其他类别的员工同样有效。

本章我们将重点探讨如何通过"幸福积分"打造员工幸福平台，从而有效提升员工主观幸福感。

# "福分"为什么："福分计划"提出背景

十年前，深圳移动公司基于和谐人文环境提升，推出了"员工福分提升计划"，实施后取得了很好的成效。后来，这一方法被许多家不同的公司借鉴应用，受到员工的普遍欢迎。

"福分"是"幸福积分"的简称，"员工福分提升计划"就是公司搭建平台，鼓励员工积极行动，主动争取"幸福积分"，从而有效提升个人幸福度并促进工作绩效提升的计划。

"员工福分提升计划"的提出主要基于以下背景。

## "心理人时代"，需要关注心理问题

《商业周刊》撰文称：倘若说中国的"文革"是一个扭曲的"政治人"时代，过去改革开放30年则是"经济人"时代，而如今，已明显感觉到"心理人"时代的到来。所有的真实事件不再那么重要，人们进入虚拟世界，更加关注心理感受。

清华大学心理学系主任彭凯平教授说，中国已经实现了小康，人们现在关心的更多是价值、文化、幸福、尊严这些与心理学所说的成长需求有关的因素。中国社会已经开始以"幸福"为发展理念。企业应与时俱进，以满足员工心理需求为战略目标，可以预言，这将是中国企业的未来。

面对"心理人"时代的到来和以"幸福"为目标的发展新模式的出现，成长机会与日俱增，生活方式参差多态，发展前景无比广阔，物质产品极大丰富。与此相反，人们的成功感和幸福度却没有同步提升。2013年9月，美国哥伦比亚大学地球研究所发布的《2013全球幸福指数报告》，调查国家156个，调查结果显示：丹麦成为 2013 年世界最幸福的国家，仅随其后的是挪威、瑞士、荷兰和瑞典。而经济最发达的美国排在第 17 位，远落后于第六位的加拿大。日本列第 43 位，俄罗斯第 68 位，中国仅排在第 93 位。调查结果说明，经济发达并不一定等于幸福，经济增长也并不一定能带来幸福。

在现实生活中，很多人被心情所困，受心态所惑，深感压力巨大，内心浮躁恐惧，面临重重"心理"难题。因此，"心理人时代"，迫切需要关注员工的心理问题。

## 幸福，需要走出"成功"的误区

人类从来没有取得过今天这么伟大的物质成就，按理说，生活在当下的人们完全没有理由过得"不幸福"，更没有理由感到"不成功"。但是，不可否认的现实是：相当多的人感觉，得到成功不易，获取幸福更难。因此，在现实生活中，既成功又幸福的人往往并不多，能够持续幸福的人更是少之又少。

很多人之所以出现上面这种情况，其中一个非常重要的原因在于，人们在理解"幸福"与"成功"的关系时存在明显的误区。

在现实生活中，许多人将追求"成功"视为获得"幸福"的唯一通道，将"成功"等同于"幸福"，甚至简单地将"成功"等同于拥有多少财富，获得多大名气，晋升多高职位。于是，为了拥有更多的财富、更大的名气、更高的地位，很多人不惜牺牲亲情和家庭，甚至自己的身体健康，成天奔波忙碌，疲惫不堪，积劳成疾；有的人实际上已经很成功了，但是由于财富目标和社会地位定得太高，始终不能满足，陷入欲望放纵、贪得无厌的疯狂追逐之中。

这种将拥有更多财富和更高社会地位等同于幸福的人生观和价值观，不仅在社会上很流行，而且对当代年轻人也影响巨大。一项由广州市妇女联合会研究室、广州市妇女学会等单位共同组织，面向中山大学、华南理工大学、华南师范大学、广东外语外贸大学等10所高校女大学生进行的人生观价值观问卷调查，结果显示：59.2%的人愿意嫁给"富二代"，将财富等物质条件作为人生最重要的选择。

诚然，绝对贫困的人不可能幸福，因为拥有一定的物质基础是幸福的前提。财富能够给人们带来相应的幸福度提升，但金钱不是幸福的目的，而只是幸福的工具，一个人幸福度的高低并不与财富的多少成正比，有时甚至拥有财富越多，真正的幸福越少。我们能够想像一个百万富翁会比一个乞丐过得幸福，但无法确定一个亿万富翁一定比一个千万富翁更幸福。有位香港作家曾说过，口袋里没钱，心里有钱的人痛苦；相反，口袋里有钱，心里没钱的人幸福。

根据积极心理学大师塞里格曼的观点，财富只是缺少时才对幸福有较大影响，当财富增加到一定水平后，其贡献"边际效应"递减，财富与幸福的相关度逐步降低。根据研究显示：金钱在影响幸福的各种因素中仅占20%左右，而在构成美好生活的比重中，更是降至15%以下。人们一旦满足了基本的生活需要之后，快乐的源泉主要来自一些有意义的活动、亲密的情感和良好的人际关系等因素。快乐并不是拥有更多的物质财富，而是懂得享受自己已经拥有的一切。


美国苹果公司创始人和总裁乔布斯在临终遗言中说：我曾经叱咤商界，无往不胜，在别人眼里，我的人生当然是成功的典范。我现在明白，人的一生只要有了够用的财富，就应该去追求与财富无关而且是更重要的东西，这种东西，也许是感情、爱，或者一个儿时的梦想。

　　人们的不幸福正是由于将"成功"等同于"幸福"，甚至将"财富"等同于"幸福"所至。有的人可能一时很成功，拥有了大量的财富，但是幸福度却很低，这样的财富和成功往往难以持续；反过来，很多人由于难以"成功"、难以拥有大量"财富"而感到不幸福，又由于感觉不幸福而更加难以成功。

　　到底是追求"成功的幸福"，还是追求"幸福的成功"？是成功了才会幸福，还是幸福了才更容易成功？抑或幸福就是人生的成功？由于不能充分认识两者之间的关系，导致现实中很多人无法真正找到自己的幸福，从而也阻碍了人们获得持续的和更大的成功。

　　一个人的"幸福心理"与"成功心理"是相伴而生、相随而行的，所以，只有当一个人是在追求"幸福的成功"而非"成功的幸福"时，他的"成功感"和"幸福感"才会双双提升。

## 提升幸福：需要让员工"动"起来

　　从根本上讲，一个人要想获得幸福，除了自己的"期望"适度、"比较"合理之外，同时必须能够"行动"起来，特别是能够主动地行动。但是，在现实中，许多企业都发现员工比较"被动"，难以表现出企业所希望的"行为"。究其原因，在于许多企业过于关注员工的绩效本身，而忽视员工人本动力的激发，自然地，员工就很容易缺乏主动"行动"的理由。

　　以下是许多企业容易存在的问题。

### ◎ 在沟通渠道和沟通方式方面

　　许多企业除了正式的组织关系外，非正式（特别是跨部门间）沟通的渠道很不畅通。企业员工受制于原有的层级关系，被分割在不同的部门之中，高高的"部门墙"成为员工难以逾越的障碍。由于缺乏合适的沟通渠道和沟通方式，造成员工间、部门间沟通不畅，员工主动"行动"的难度自然加大。

◎ 在展现机会和自我提升方面

在许多企业，除了工作过程之外，员工很少有自我展现和自我提升的机会。对员工的评价基本上依赖于上级领导，同时也受制于上级领导的好恶。员工获得"评先、晋升、加薪"等所有成长机会，往往要靠"取悦"上级领导。当员工缺乏自我展现的机会和途径时，自然也就无法主动"行动"。这种情况不仅不利于员工成长，而且不利于企业多途径、多方式发现和培养人才。

◎ 在人本激励方面

从本性上讲，如果没有适度的激励，能够主动"行动"的员工自然是少数。基于绩效考核的"物质"激励，虽然也能够促使员工"积极"行动，但是，由于"压力绩效"本身存在的局限性，员工的"积极行动"不仅难以持续，更难以变成主动的行动。因此，企业除了制度化、流程化的管理方式之外，应该大量增加人本化的激励方式，让员工通过主动"行动"获得除了物质需求之外的"人本需求"的满足。

针对许多企业存在的以上问题，如果能够为员工搭建一个可以打破正式组织关系的、全方位的沟通交流平台，如果能够为员工搭建一个可以多方面、全方位展示和提升自我的平台，如果能够扎根员工人本需求激发员工人本动力，那么，员工自然就会"自动自发"地工作，自然就会主动地"行动"起来。

幸福需要"动"起来

## 幸福积分：打造员工幸福平台

　　与上一章介绍的"KHI（关键和谐指标）体系"重点要求企业各级管理者改变领导风格和管理方式不同，"员工福分提升计划"旨在通过"幸福积分"为员工主动"行动"打造一个"幸福平台"，让员工通过主动"行动"积极争取个人幸福，同步提升幸福感和敬业度，从而为企业有效解决上述问题提供系统化解决方案。

### "员工福分提升计划"运行地图

　　从总体上讲，"员工福分提升计划"的实施需要解决"活动规划、资源配置、积分规则、积分兑换、IT 支撑平台和深度应用"六个方面的主要问题，六个部分相互关联，共同构成一个有机的整体。

如图 8 - 1 所示。

积分规则　　　　积分兑换

资源配置 →　　　深度应用 →

| 活动规划 | ⇐ | 过程激励 | ⇐ | 结果激励 |

IT支撑平台

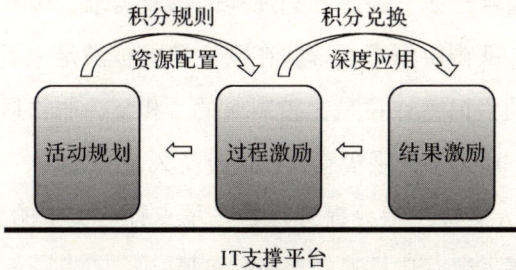

图 8 - 1　"员工福分提升计划"运行地图

## "员工福分提升计划"运行机制

"员工福分提升计划"运行的主要机制是：

首先"自下而上"地了解和把握员工的人本需求，知道员工真正想要的东西到底是什么。

接着从公司和部门经营管理工作开展的实际需要出发，有效地进行各类活动规划。与此同时，可鼓励员工自主进行相关活动规划。

然后根据各类活动与公司和部门目标实现之间的关联程度，以及对于提升员工幸福度的意义大小，分别赋予不同活动以相应的积分。

由于员工希望得到自己真正想要的东西，而得到的基本条件（甚至是唯一条件）就是必须获得相应的积分，于是，员工从原来消极被动地参与活动转变为积极主动地参与活动，甚至积极主动地规划活动。主动"行动"的过程既可以提升员工的幸福度，也可以提升员工的敬业度。自然地，通过员工的主动"行动"，就能够有效地促进部门和公司经营管理目标的实现，从而实现公司、管理者和员工之间的多方共赢。

在"员工福分提升计划"中，以下几点至为关键。

### ◎ 把握"人本需求"是前提

员工的需求是多方面的，有纯粹的物质需求，也有大量非物质的精神需求。就物质需求而言，在刚性需求被满足之后，进一步的满足所带来的幸福感往往是比较短暂的。相反，非物质需求如果能够得到满足，所带来的幸福感往往比较持久，"低投入"常常能够获得"高回报"。"员工福分提升计划"重点针对员工的非物质需求，通过搭建幸福平台，让员工主动获取幸福。

在"员工福分提升计划"实施过程中，把握不同员工的"人本需求"非常关键，只有对员工具有巨大吸引力的东西才能够激发员工主动追求。在把握员工"人本需求"的过程中，我们要坚持通过"自下而上"的方式进行调查和了解，可以让员工开放式地提出自己的"人本愿望"，然后根据公司的实际情况进行归类筛选。在筛选的过程中，我们要在尽可能的范围内，保持员工个性化的"人本愿望"，这是整个计划能够有效实施并取得预期效果的前提。

### ◎ 有效的活动设计是关键

通常来说，把握"人本需求"更多的是从员工立场出发，而"活动设计"则更多的要从公司的立场出发。当然，如果"活动设计"能够兼顾企业需求和员工个人需求，则效果更好。

从某种意义上讲，企业的所有经营管理类工作和非经营管理类事项最终都可以转化为各类"活动"。活动的来源既可以包括公司及各单位（各部门）发起的各类活动，也包括员工自主发起的各类活动。只有这样，才能得到企业和员工的共同支持。

在具体规划各类活动时，公司级活动、部门级活动和员工自主发起的活动可分别占有不同的比例。在不同的时期，这个比例可以根据实际情况进行调整。例如，在早期，为了吸引员工参加，可以从员工自主发起的活动开始，逐步加入部门级和公司级活动。随着员工积极性的增加，可逐步加大部门级和公司级活动的比例。

但是，从最终结果来说，公司级活动和部门级活动应该成为主流，这样才能与公司的经营管理活动有效地融为一体。

### ◎ 积分赋予和兑换是载体

从某种意义上讲，员工"人本需求"与"活动规划"之间并不会自动建立关联，有时甚至是相互"矛盾"的。因此，我们必须在两者之间搭建"桥梁"，而通过"积分"构建的正是这样的"桥梁"。员工只要有了不同的积分，就可以通过兑换的方式实现自己的愿望，从而满足自己的"人本需求"。

在这里，由于"积分"已成为连接员工"人本需求"与"活动规划"之间的有效"载体"，因此，积分体系的设计是否合理便显得十分重要。

活动规划本身是一种导向，积分规则的设置更是一种导向。在积分设计方面，总体原则是，公司鼓励开展的"活动"都可纳入"积分体系"，而需要重点鼓励的"活动"则可以赋予较高的分值。通过不同的分值设计，自然就会引导员工主动参与或发起各种不同类别的活动。

员工通过获得的积分可以兑换他们想要的任何"奖励"，既可以是奖品，也可以是精神大餐，还可以是纯粹的"荣誉"。原则上，积分兑换以"精神激励为主、物质刺激为辅"。

员工通过发起或参加各种活动获得相应的"积分"的过程，首先可以获得相应的"过程激励"。而通过积攒"积分"和进行"积分兑换"，又可以获得自己"人本需求"的满足，自然又可以获得进一步的结果激励。

## "员工福分提升计划" 推动与保障

基于以上运行机制，从企业组织推动和组织保障的角度，企业需要重点解决以下问题。

### ◎ 成立规划和实施推进小组

与企业原来的层级制、行政式组织推动体系不同，本项工作是一个跨部门的推进项目，因此，企业必须成立跨部门的工作小组进行规划和实施推进。

领导小组组长最好由企业的最高负责人（董事长或总经理或常务副总经理）担任，避免将本项工作变成部门行为。领导小组成员至少应包括主要部门分管领导或部门直接负责人。

工作小组组长可由综合管理部门（如总经办、人力资源部、企划部门等）负责人担任，成员应来自主要部门的负责人（或与部门负责人直接对接人员）。确保项目实施能够得到各部门的大力支持和配合。

规划实施领导小组和工作小组的质量，直接决定着本项工作是否能够有效开展，是本项工作开展的组织保证。

### ◎ 有效进行资源配置

"员工福分提升计划"的开展需要配置相应的资源，从内容上讲既包括开展活动本身需要的资源，也包括转化为积分后进行积分兑换需要配置的相关资源；从性质上讲，需要配置的资源既包括物质性资源，也包括精神性资源。

从本项目的本质特点来说，除了必须配置的物质资源之外，企业应该尽可能地开发和配置"精神类"（或者以精神类为主）的资源，避免过度的物质导向。而且，除了必需的基础资源配置直接用资金预算之外，其他资源均可用转化为"积分"的方式呈现。

例如，公司计划配置30万资金直接用于基础性资源配置，20万元用于积分兑换和奖励，可将20万元转化为100万积分，即每个积分相当于0.2元物质奖励。然后，可基于"0.2元"物质奖励积极开发相应的精神价值，让"0.2元"的效应放大到10倍、100倍甚至更大。

转化为"积分"之后，一是通过积分呈现淡化了"物质"奖励；二是可以通过精神开发放大"积分"价值，从而达到事半功倍的效果。

◎ **构建 IT 支撑平台**

由于"员工福分提升计划"是一个系统性的工程，从活动的发起到最终相关数据的分析，需要做大量的工作，而许多工作完全可以通过 IT 技术手段来实现，因此，构建 IT 支撑平台是"员工福分提升计划"能够低成本、高效率运行的重要保证。

通过 IT 支撑平台，一方面可以大大减少相关的工作量；另一方面可以大大减少人为操作，保证客观公正性。活动发起、资源配置、积分获取、积分通知、积分查询、积分兑换、员工行为档案、员工行为分析等所有事项，凡是通过 IT 手段能够实现的均采取 IT 方式实现。

◎ **推动"积分"深度应用**

员工参与"积分"活动的情况，实际上相当于为员工建立了一套动态的"行为"档案。通过"行为档案"分析可获得对员工更全面、更真实的评价，可有效把握员工行为特征和能力素质情况，从而作为公司发现、选拔、培养和任用人才的重要依据。

与此同时，员工获得福分情况及通过结构性分析所得出的结论，可作为员工评先、晋升和相关奖励的重要参考依据。

通过"积分"的深度应用，可大大提升"员工福分提升计划"的价值。

## 提升幸福：员工"福分"提升方法

深圳移动公司"员工福分提升计划"实施后，取得了良好的效果，对企业界和管理学界都产生了积极的影响。后来，有许多企业先后引进到本企业进行实施，大大地促进了员工幸福感和敬业度的提升。

以下是不同公司在实施"员工福分提升计划"的过程中，创造的部分员工"福分"提升方法和典型案例。

### 特殊奖励：和公司创始人单独用餐

某公司在"员工福分提升计划"实施过程中，员工李先生提出希望得到一份特别的奖励：如果自己的"福分"积攒达到5000积分时，就和公司创始人单独用餐一次。由于公司规模已经达到好几十个亿，绝大部分员工已经很难有机会与创始人接触，更不用说单独用餐了。所以，这一"创意"提出后，很快得到了创始人的回应，创始人承诺用餐费用由自己承担，地点和标准由"中奖者"确定，而且邀请李先生一家共同用餐。

创始人的回应给了李先生极大的鼓励，为了尽早获得5000积分，李先生先后发起和参加了十几项各类活动：包括夺取单月销售冠军、成为公司服务明星、解决跨部门协作难题、为公司管理提升献计献策、成立业余兴趣小组，等等。最后，李先生如愿以偿地获得了这次难得的机会。

由于被这位员工的进取精神所感动，创始人在用餐时从工作到生活等多方面对李先生进行了指导，让李先生感到十分兴奋，受益良多。

这一特殊的"人本需求"能够借助"积分"方式获得满足，一时间在公司内成为美谈。

## 创意生日会：收获"不一样的感觉"

按照制度规定，某公司员工过生日时每人可领取 200 元生日金。根据这一规定，人力资源部每个月会将一个装有 200 元现金的信封按时送到当月过生日员工的手里。开始时，大家感觉到非常温暖。但是，过了一年、两年之后，很多人已经没有什么感觉了。

推行"员工福分提升计划"后，有人提出了召开"创意生日会"的构想，即在每人 200 元生日金额度不变的情况下，由当月过生日的人自愿组合，进行"创意生日会"活动策划。活动开始后，不仅当月过生日的人积极参加，还有很多非当月过生日的人也以好友身份加入"创意生日会"的行列。

结果，原来的"个体活动"迅速变成了"集体活动"，原来例行的 200 元"物质激励"变成无价的"精神大餐"。

有十几位"好友"用自己原来获得的"福分"拼起来为生日会订制了一个特别的"生日大蛋糕"；

有人发起在公司 OA 上为生日会创意制作了一个特别的"电子贺卡"；

有人发起为生日会自行编排了若干个风趣幽默的小节目；

……

原本普通的个人生日变成意义非凡的"创意生日会"，大家共同收获了一份"不一样的感觉"。

不仅如此，根据"员工福分提升计划"积分规则，本次活动构想的提出者获得50"福分"的奖励，活动过程中的各项具体活动发起者分别获得30"福分"的奖励，所有的参加者每人获得10"福分"的奖励。

## 积分"赠送"，传递不一般的友情

按照某公司规定，每季度进行一次"积分"兑换，员工可用自己的"积分"兑换不同的"礼品"。由于不同"礼品"需要付出的"积分"额度各不相同，为了鼓励"积分"不足的员工能够及时兑换自己希望的"礼品"，公司鼓励员工相互赠送"积分"。于是，每到礼品兑换之日，相互赠送"积分"在员工中成为一件十分快乐的事情。

由于受赠"积分"者不愿意仅仅成为"扶贫"对象，于是，他们又更加主动地参加各种活动，获取"积分"让自己也有机会成为"赠送者"。就这样，借助小小的"积分"，在员工中悄悄地传递着无价的友情，不仅有效地改善了团队氛围，而且还有效地培养了员工的团队合作精神。

## 积分奖励，激发不一样的热情

某公司实施"员工福分提升计划"后不久，公司集团客户部总经理突然产生一个灵感：能不能通过赋予"积分"的方式，发动公司其它部门的员工参与集团客户的拓展？带着这一想法，他主动与"员工福分提升计划"工作小组负责人商量，结果双方一拍即合。双方商定，由集团客户部负责提供价值10万元的"礼品"，设立集团客户拓展专项奖励积分。凡是为公司介绍一个集团客户，奖励积分100分，拓展成功一个集团客户，奖励积分1000分。

通知一出，各部门员工踊跃参加，一时间，集团客户信息大量汇集。仅仅不到半年时间，集团客户部新增集团客户达50家，创造经济效益近500万元。

从此，其他不少部门也积极借助"员工福分提升计划"这个幸福平台发起相关的活动，效果十分显著。

原来公司开年会，表演节目总是要向各个部门分任务，尽管如此，员工参与的积极性并不高。总经办负责筹备年会的人员受集团客户部"创意"的启发，决定将年会活动纳入积分体系：凡是参加年会节目表演的人员，节目策划者奖励500积分，节目参与者视不同情况分别奖励100～300积分。同时，年会将评选优秀节目3个，每个节目另外奖励5000积分。

消息一出，大大激发了员工的参与感，不少员工自主组合进行节目策划和排练，积极投入到年会工作当中。加上公司组织相关参与的表演内容，结果，不仅本届年会的表演节目数量比往年有所增加，表演质量更是大大提高。

同样的年会，由于使用"幸福积分"方式进行推动，员工们表现出了完全不一样的热情。

### 积极行动，获取竞争性福利

令某公司领导非常头痛的问题是，尽管公司每年投入了不少资金用于改善员工福利，但由于采取的是人人有份的平均主义分配方式，员工好像并不领情，甚至一些员工还表现得很不满意。实施"员工福分提升计划"后，公司领导研究决定，除原有福利外，新增的"福利"将采取竞争的方式获取，获取的主要依据就是根据"积分"多少进行的排名。

例如，公司每年设置出国旅游名额 10 个、带薪休假名额 10 个、高端培训名额 10 个，分别需要在一年内获得 5000 积分后方可兑换，先到先得。

这一规定出台后，为了能够获得竞争性福利，不少员工积极行动，通过各种方式积攒积分。由于规则在前，能够率先挣足积分者毫无争议地获得了自己想要的机会，其他人根本无话可说。

这一新的竞争性福利配置方式，由于是员工通过"行动"获取的，不仅更加公平公正，而且为公司创造了更大的价值。

## 实战演练：我的幸福我做主

"幸福积分"最大的妙处是，员工为了获得自己希望得到的东西，会主动展现出有利于公司发展和部门提升的"行为"。由于员工从"被动"转为"主动"，因此，同样的"行为"为自己带来的是极为不同的精神感受，主动的"行为"能够为自己创造出一个又一个难以忘怀的"幸福时刻"。

下面的练习将帮助你发现自己会因为"什么"而感到幸福，同时，你可以基于自己的"幸福源"主动设计能够让自己感到持续幸福的行动方案，努力创造属于自己的"幸福时刻"。

### 演练之一：过去的哪些"时刻"让你感到幸福？

回忆过去，每个人都会有曾经属于自己的"幸福时刻"，试着将它们写下来，然后分析一下，它们具有什么特点？

（1）请填写下表。

**表 8 - 1　"我的幸福时刻"分享式调查表**

| 序号 | 我曾经经历的以下时刻，让我感到很幸福 | 想起这些时刻的频率（单选） | | | 幸福持续时间（单选） | | |
|---|---|---|---|---|---|---|---|
| | | 触景生情时想起 | 偶尔自然想起 | 经常会想起 | 一闪而过 | 持续一段时间 | 保持很久 |
| 1 | | | | | | | |
| 2 | | | | | | | |
| 3 | | | | | | | |
| 4 | | | | | | | |
| 5 | | | | | | | |
| 6 | | | | | | | |
| 7 | | | | | | | |
| 8 | | | | | | | |
| 9 | | | | | | | |
| 10 | | | | | | | |

（2）参加本次调查，你有什么调查感言？

参加本次分享调查，你的真实感受是（请从下面的选项中单选，如选其它，请填写相关内容）：

A. 分享的过程让自己的幸福感倍增

B. 分享的过程有助于提升自己的幸福

C. 我终于完成了本项任务

D. 其他（请填写）＿＿＿＿＿＿＿＿＿＿＿＿＿

（3）分析一下，你的"幸福时刻"具有什么特点？

特点 1：＿＿＿＿＿＿＿＿＿＿＿＿＿＿＿＿＿＿＿＿

＿＿＿＿＿＿＿＿＿＿＿＿＿＿＿＿＿＿＿＿＿＿＿＿

特点 2：＿＿＿＿＿＿＿＿＿＿＿＿＿＿＿＿＿＿＿＿

＿＿＿＿＿＿＿＿＿＿＿＿＿＿＿＿＿＿＿＿＿＿＿＿

特点 3：_____

_____

## 演练之二：制订行动方案，创造"幸福时刻"

通过回忆和分析自己过去的"幸福时刻"，你已经知道了什么事情能够让你感到幸福。下面请为自己设计 2~3 个能够让自己感到持续幸福的行动方案，然后积极行动起来。

行动方案 1

_____

_____

_____

_____

行动方案 2

_____

_____

_____

_____

行动方案 3

_____

_____

_____

_____

# 后记　幸福行动

回想起来，从 1992 年出版《圣环与阴影——当代中国热点透视》，1999 年出版《中国民营企业的反省年代》，又到 2003 年出版《中国民营企业成长通鉴》，2008 年出版《企业成长问题诊断》，再到 2014 年出版《企业驱动三大方法》，以及这次出版《幸福力》，基本上每过几年我都会产生"写作的冲动"。

相比较而言，这次组织撰写《幸福力》与上次撰写《企业驱动三大方法》的间隔时间最短，不足两年。开始写作的时候，的确有点"被迫"的成份，因为最初总感觉是在满足出版社的"希望"。但出人意料的是，撰写《幸福力》一书竟是我至今写作生涯中最充满"幸福感"的一次。不仅书稿完成后没有"如释重负"的感觉，反而整个写作过程都感受到自己的"幸福力"在不断提升。"过程"和"结果"都能够有这样的感觉，让我们对本书的"意义"更加坚信不疑。

这次撰写《幸福力》，虽然同样需要构建全书的"体系框架"，分解"写作任务"，规划"分工合作"，但是，整个写作过程中穿插了几次大的"行动"，而且是"集体行动"，让人想起来就觉得"幸福"。

**一是《我的幸福时刻》分享式调查活动**

各位参与作者分头行动，定向邀请不同类别的人员参与本项

"调查"，请每一位参加者描述自己曾经经历的那些"幸福时刻"，并且描述"想起这些时刻的频率"以及"幸福持续时间"。

这项活动的参加者，95%以上认为"分享的过程有助于提升自己的幸福感"，甚至还有少部分人认为"分享的过程让自己的幸福感倍增"。

在组织和参与"《我的幸福时刻》分享式调查活动"的过程中，不少参与作者和活动参加者感到十分兴奋，有人甚至高兴地认为，能够与大家一起分享，这本身就是"我的幸福时刻"。

### 二是本书封面评选活动

为了让大家看到本书封面时能够产生"幸福感"，我们首先通过"头脑风暴"的方式与设计者互动，经过多次修改后最终筛选出三个候选封面。在此基础上，我们通过"微信朋友圈"对三个候选封面进行开放式评选，90%以上的参与评选者建议选择现在使用的封面。

让人感到幸福的是，封面评选的过程居然成了一次自发的幸福传递活动，有的参与者主动将三个候选封面发到自己的朋友圈进行二次评选。本次活动参与人数之多，参加者代表性之广泛，远远超出预期。

以下是部分参与评选者对本书封面"幸福元素"的挖掘：

◎简洁，醒目，色调让人宁静，让人内心宁静就是幸福；

◎初升的太阳与正在成长的树，幸福是能不断收获与成长的；

◎色彩鲜明，层次感强，让人有想象的空间；

◎色彩明亮温馨，寓意深刻，朝阳象征希望；

◎简洁，温馨，看封面就有幸福感；

◎幸福让人愉悦、轻松和有希望，中间的天空、朝阳和大树都满足了这种寓意；

◎这个场景很像我们北方的早晨（我们那里现在早晨 5 点左右就是这样），看着它我觉得很幸福；

◎暖暖的朝阳好有幸福力，还有视觉冲击力；

◎一幅日升的照片展示了大自然的壮观气象，同时带来了活力和张力；

◎有视觉冲击力，背景处在黄金分割位置，整体感觉舒服；

……

### 三是团队式"创新写作"行动

与原来"写书"的方式不同，本次我们在整体统筹的前提下，邀请了部分"参与作者"通过创新的方式共同完成了本书的写作任务。首先由我及李名国老师负责统筹制订全书大纲，然后由不同参与作者分别收集整理了不同的案例、故事和心理实验等相关素材，接着基于素材，通过反复讨论形成了各章节的结构布局和撰写风格。完成几个样章的写作后，由参与作者以第一读者的身份进行评价，提出修改意见。由于有了"读者"的反馈，写作起来就更能够站在读者的立场上。

特别需要说明的是，为了提升本书的可读性，让读者"幸福地"阅读，我们特别邀请书法艺术和设计人员共同参与本书的"写作"，请他们为本书进行了插画和书法的艺术创作。

由于是"团队式创作"，因此，本书的写作过程已经大大超出了一般意义上的写作方式，期望能够给读者带来不一样的感受。

本书能够如期面世，首先感谢中华工商联合出版社李红霞主任的"推动"和"督办"，感谢李名国先生的鼎力支持和各位参与作者的积极参与，感谢所有参与"《我的幸福时刻》分享式调查""本书封面评选"活动的各位同仁。

同时，还要特别感谢我的太太邵丹女士、儿子朱兆嵩、女儿朱曼琳。他们不仅给予了时间上的大力支持，还分别以不同方式参与到本书的"写作"和"实践"中，让写作的过程很自然地成为家庭"幸福力"提升的过程。

最后，顺便感谢一下自己。仔细回想起来，自己好像天生就是一位"幸福工作者"。一直以来，我总是对未来充满希望，不仅在"思维"上如此，在"行动"上也是如此。与此同时，自己无论在哪里工作，总是致力于营造一个"幸福"的组织氛围。所以，本书写作的过程颇有点在做"自我总结"的味道。

本书出版，只是"幸福行动"的新起点，我们希望能够有更多的人积极主动地参与进来，共同致力于提升自己的幸福力，提升家人的幸福力，提升朋友的幸福力，提升组织的幸福力……

您的幸福源于您自己！
欢迎您加入到"幸福力"提升行动中来！

微信方式加入：fusuzxc
QQ方式加入：122587564

朱先春
2016年8月于广州

# 企业管理系列丛书

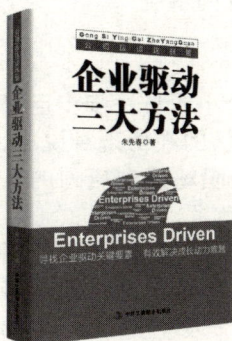

书　名：《企业驱动三大方法》
作　者：朱先春
定　价：39.80 元

★ 企业管理的本质最终是要解决"人"的动力问题，而"战略驱动、机制驱动和人本驱动"正是激发"人"的动力的三大有效方法。

★ 本书不仅关注"战略"，更关注如何形成"战略"共识；不仅关注"机制"，更关注"机制"作用机理；不仅关注"人本"需求，更关注如何激发人本动力。

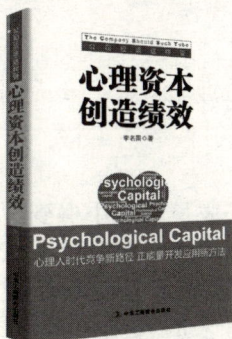

书　名：《心理资本创造绩效》
作　者：李名国
定　价：39.80 元

★ 企业仅靠"人力资源技术"已无法建立自己的竞争新优势，更难以解决人才引进困难、员工稳定度低、积极性不高、绩效水平差等各种现实问题。

★ 本书为企业通过心理资本创造经营绩效，通过心理资本深化人力资源管理提供了全新的答案。

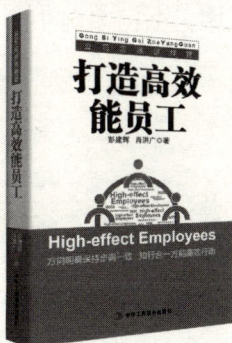

书　名：《打造高效能员工》
作　者：彭建辉　肖洪广
定　价：39.80 元

★ "高效能员工"至少包括以下方面：他们行动的方向是正确的，他们行动的步伐是统一的，他们的行为特征是"知行合一"的。

★ 通过四大系统打造高效能员工，即高效执行系统、强力灌输系统、能力培养系统和特质打造系统。

# 人生规划系列丛书

书　名：《规划最好的自己》
作　者：周　丹
定　价：39.80 元

★ 本书作者从一个小职员一步步走上上市公司副总裁，用自己的经历现身说法，告诫即将走上职场及在职场遇到瓶颈的人士如何规划自己的职场生涯。

★ 该书自出版以来，多次加印，当当、京东读者好评如潮，作者也收到众多读者的来信求助。分享人生经验，造福大众！

书　名：《给孩子最好的未来》
作　者：刘琳琳
定　价：39.80 元

★ 本书介绍了孩子成长过程中遇到的常见问题的处理方法，家长和老师根据孩子的特性，激发孩子的潜能，帮助孩子找到最好的自己，以便将来的人生更精彩、职业之路更顺畅。

★ 著名心理学家、中科院博导、清华及人大相关专家倾情写序，全国多名中小学校长联袂推荐。